U0033260

蛋糕，
基礎的基礎

80 個常見疑問、
7 種實用麵糰和
6 種美味霜飾

相原一吉 著

目錄

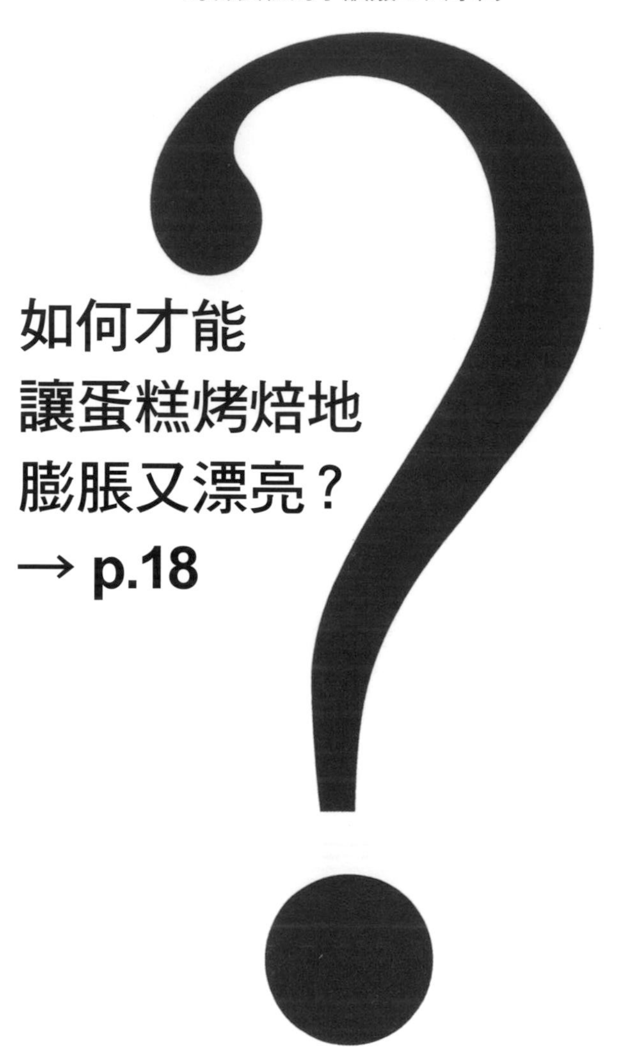

如何才能
讓蛋糕烤焙地
膨脹又漂亮？

→ p.18

全蛋打發法和分蛋打發法有什麼不同？→ p.18

為什麼從烤箱拿出蛋糕時，蛋糕有點內縮？→ p.23

裝飾用奶油餡是什麼？→ p.30

好想做瑞士卷呀！用的麵糊也是一樣的嗎？→ p.42

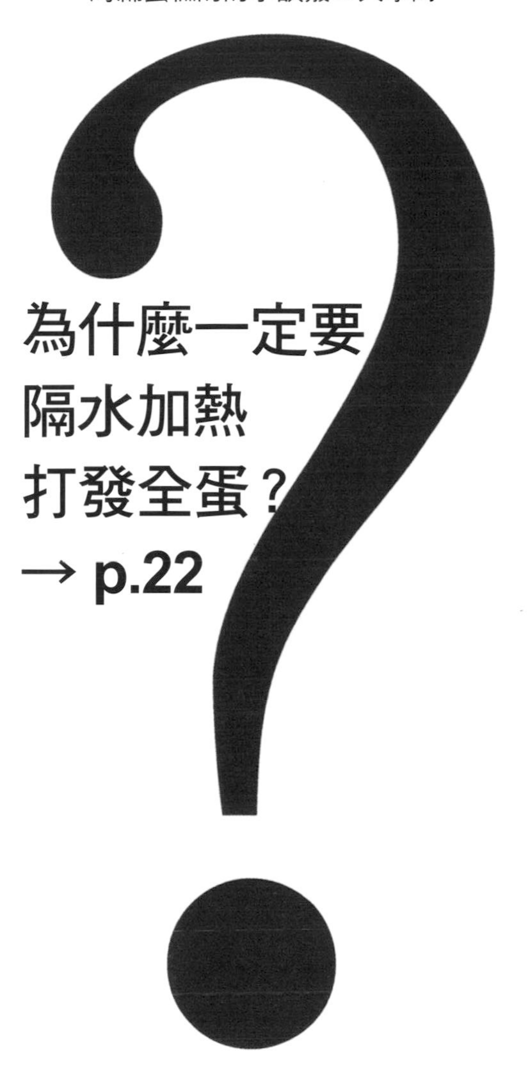

全蛋要打到什麼狀態才可以？→ p.23
為什麼加入麵粉前要先加入水？→ p.23
為什麼要使用打蛋器攪拌麵粉？→ p.23
為什麼麵粉無法拌勻？→ p.23
為什麼融化奶油要保持一定的溫度？→ p.23
如何判斷蛋糕已經烤好了？→ p.23
如何製作乾性發泡的蛋白霜？→ p.28

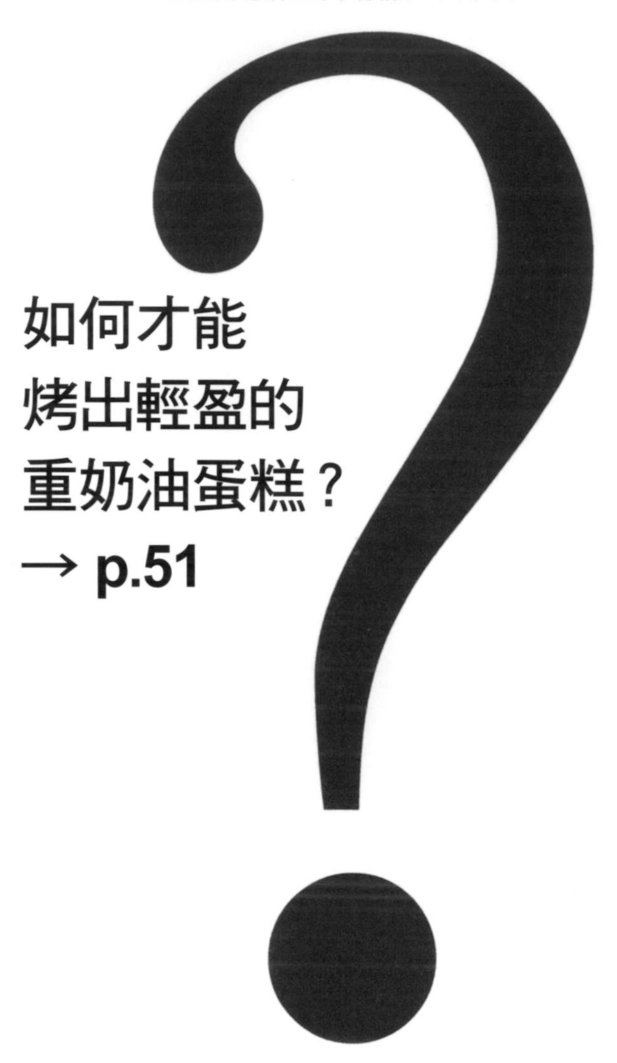

如何才能
烤出輕盈的
重奶油蛋糕？

→ p.51

為什麼奶油無法變成柔軟狀態？→ p.54

奶油要攪拌到多柔軟才是正確的？→ p.54

應該要烘烤到什麼程度才可以？→ p.54

為什麼加入蛋攪拌會出現分離狀態？→ p.56

如何在水果蛋糕上做簡單的裝飾？→ p.58

如何烘烤出大理石的圖案？→ p.59

要準備哪些材料呢?

想要製作蛋糕，只要先準備低筋麵粉、砂糖、無鹽奶油、蛋這幾種基本材料，就可以開始做囉！材料最重要的就是「新鮮」，所以一定要注意食材的保存。

●材料中的砂糖，選用特細砂糖比較好嗎？（← p.6）

不管是特細砂糖或細砂糖都可以用，所以在本書的材料中只註明砂糖。以我自己的喜好來說，我覺得細砂糖的味道沒有特細砂糖來得明顯，所以我比較偏好使用特細砂糖，不過，細砂糖比較容易上色。

如果想要使用較為甘醇的糖，也可以使用二砂糖或法式紅糖。另外，因為砂糖很容易受潮而變成硬塊，所以在使用的時候需要過篩。尤其糖粉容易結粒，使用時要特別留意。

●洋酒類

如果材料中沒有特別指定要用哪一種酒，可以選擇自己喜歡的酒類。一般較常使用的是白蘭地、櫻桃白蘭地（kirsch）、君度橙酒（cointreau，也叫康圖酒）、香橙酒（grand marnier）等等，這些都是比較搭配點心口味的酒類。蘭姆酒則有它獨特的風味，通常會稍微調合一下口味再用在蛋糕上。舉例來說：如果想製作洋梨蛋糕，就會加入洋梨酒（poire williams），蘋果蛋糕的話，就會加入蘋果白蘭地（calvados），草莓或木莓蛋糕的話，當然就是草莓酒（crème de framboises）了， 依此類推。可以利用水果酒的特性來增加蛋糕的風味。

●筋性適中的低筋麵粉

一般麵粉依蛋白質含量的多寡，大致可分為高筋麵粉、中筋麵粉、低筋麵粉三種。比起歐洲的麵粉，目前台灣、日本等國的麵粉品牌選擇較多，反而會造成不少困擾。雖然說選購時會感到很疑惑，但通常製作蛋糕、餅乾用低筋麵粉就可以了，筋性適中兼具美味。市面上有些廠牌推出「超級」或「特選」低筋麵粉，雖然可以做出極鬆軟的海綿蛋糕，但卻難以感受到麵粉本身的香氣和口味。

★每次可以 500 ～ 1,000 克的單位購買，開封後沒用完的麵粉，要仔細密封好，放在乾燥的地方保存。有些人會放在冰箱保存，但麵粉放在冷藏室會產生濕氣，所以絕不可以放在冰箱。

●選擇新鮮、品質良好的蛋

想要秤蛋的重量時，以一般家庭的用量來說是很令人困擾的，所以在本書中，是以「顆」為單位。這裡建議使用每顆含殼重 65 克、L 尺寸的蛋。

●製作點心用的奶油，建議選擇無鹽奶油

製作點心時，也許有的人會因為價格比較便宜、製作方便而選擇瑪琪琳，但若純粹以成品的口感和風味來看，奶油無疑是最佳的選擇。製作蛋糕的時候，有鹽的奶油會影響蛋糕的口感，所以最好選用無鹽奶油。本書的所有食譜中用的是無鹽奶油，不過，如果你不計成本地想做出更美味的蛋糕，可以購買風味絕佳的發酵奶油。

★發酵奶油比較容易變質，如果沒有用完，要先密封再冷凍保存。使用前把它改放在冷藏室，讓它回軟至適當的程度再操作。

要準備哪些工具和模型？

●在準備工具時，總是會被專業用的工具吸引目光，但其實當中有許多並不適合在一般家庭使用，所以不一定要選擇專業級的工具。而且工具、模型不需侷限在某些品牌，數量也不必太多，盡量選擇自己用得習慣、覺得好用的器具。

●必備的工具包括：鋼盆、堅固耐用的打蛋器、手提式電動攪拌器，以及細的噴水器。當中最重要、一定要慎選的是打蛋器。有很多人只是隨意購買這些工具，所以特別解說一下。

●模型先選擇這 3 種類

★海綿蛋糕用淺圓模型

一般海綿蛋糕模型分成淺的模型和深的模型。這 2 種烤出來會有不同的效果，淺的模型受熱較均勻，蛋糕表面烤得比較漂亮。而且烤好的蛋糕較不會有內縮的現象，可以保持形狀。

★重奶油蛋糕用磅蛋糕模型

重奶油蛋糕的模型有 2 種，分別是：基本尺寸 18×9 公分的長方模型，以及模型中間有一個空洞的沽沽洛夫模型。

★塔用可脫膜的塔派盤

塔因為無法倒著脫膜，最好使用底部可以脫模的塔派盤，基本的派盤直徑 20 公分。當然你也可以自己準備喜歡的大小或小型的塔派盤使用。

●一定要準備手持電動攪拌器嗎？（← p.6）

製作點心一定要準備一台手持電動攪拌器。雖然桌上型攪拌器也不錯，但一般家庭用容易操作的手持電動攪拌器就可以了。不過，有些手持電動攪拌器的力量不夠，建議選購具備可以攪拌麵包麵糰力量、堅固耐用的產品。

●使用矽膠橡皮刮刀和塑膠刮板

我建議大家準備矽膠橡皮刮刀和塑膠刮板。通常，手把一體成形的矽膠橡皮刮刀可耐高溫和耐油，操作上較塑膠刮板來得方便。而塑膠刮板則是在攪拌比較硬的麵糰，或刮起鋼盆內的麵糊、麵糰，還有抹平麵糊的表面時，非常好用，缺它不可。另外還有木匙，大多用在煮果醬或卡士達醬時，盡量選擇把手比較長的較方便。

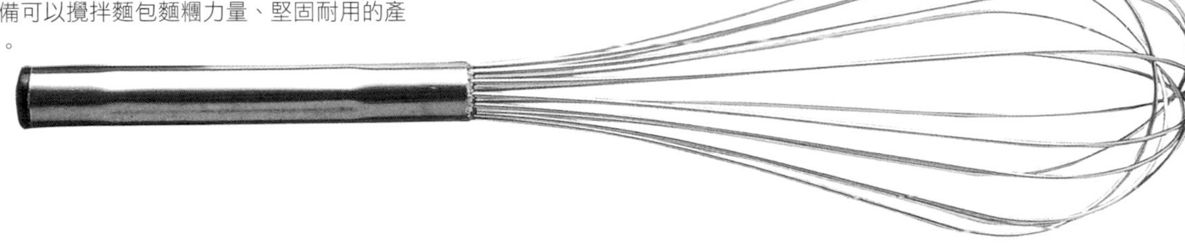

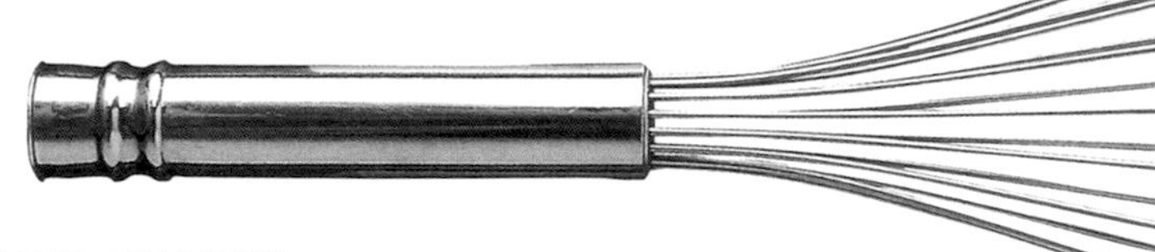

●準備 2 種打蛋器

選擇打蛋器時，要親自握握看，再選一個拿起來順手、大小適中的打蛋器。市面上有販售專用在打發，不鏽鋼線較密集（細密）的打蛋器，但是其中大部分的握把部分都較粗，加上不鏽鋼線之間的空隙較窄小，其實反而不利於混合拌勻粉類。

我建議大家可以準備如上圖中的 2 支打蛋器。長的那支約有 30 公分長，較有彈力，適合用在將蛋白打起泡，然後打成蛋白霜等地方；短的那支約有 24 公分長，因為較堅固扎實，通常在煮奶油餡時使用。

●必備噴水器

在本書中除了塔類點心之外，其他點心在烘烤前，都會使用細孔噴水器來噴麵糊表面，所以要準備細孔噴水器。

●選用小型過篩器

因為大部分的材料都要篩入鋼盆中，所以要選擇比鋼盆小的篩網。基本上粉類都需要過篩，建議用愈細的篩濾網愈好。

●使用不鏽鋼製淺鋼盆

如果使用較深的鋼盆，手持電動攪拌器無法攪打到，所以一般都會使用淺鋼盆。通常使用的是直徑 21 或 24 公分，另外，直徑 15 或 18 公分的也很方便。

製作蛋糕前有哪些預備動作？

1.首先，從準備材料開始

材料的溫度是最重要的注意事項之一。舉例來說：製作海綿蛋糕時，如果使用的蛋白是才從冷藏室拿出來的，就會影響到蛋白的打發。而製作重奶油蛋糕時，如果材料中的奶油才剛從冷藏室拿出來還很硬，就無法立刻使用。所以製作蛋糕時，最重要的是在適當的時間開始準備好材料。

●粉類過篩後再秤量

粉類一定要過篩後再使用，但這可不是為了要讓粉類含有空氣才這麼做，主要的目的是將粉類弄散，避免結成顆粒，才容易和其他食材混合拌勻。我平常都是先將粉類過篩之後再秤量，而且在加入麵糊前也會再過篩一次。

●量取材料時，連 1 克都不能有誤差嗎？（← p.6）

製作蛋糕點心時，材料的量當然要正確量取，但如果真的少了 1 克、2 克，其實也不用太計較。量好的材料在之後每個步驟中，都要小心操作，以免量出錯。還有，即使是相同重量的蛋，蛋黃和蛋白的重量還是會有差異，必須特別注意。

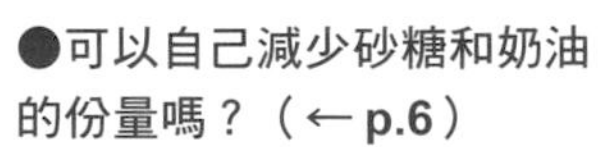

●可以自己減少砂糖和奶油的份量嗎？（← p.6）

製作蛋糕點心時，配方中的蛋、砂糖、奶油、麵粉的個別份量，都要經過搭配後才能發揮自己的特性。「奶油會影響到口感嗎？」已經在 p.14 中解釋過了，而砂糖不只是影響到甜味，在成品的體積，還有烤焙顏色，以及蛋糕組織的口感等方面，都有很大的關連。所以，想製作出口感佳的蛋糕，配方的比例平衡非常重要。

本書中介紹的每一款蛋糕和點心，都很重視口感，所以配方一定要比例平衡。如果自己改變了配方，風味和口感會立刻改變。舉例來說：減少砂糖和奶油的量可以降低卡路里，但是口感會大大地扣分。

2.然後，準備模型

像海綿蛋糕是用圓形模型，而重奶油蛋糕是用長方形模型，準備方法就不一樣。基本上這2種蛋糕烘烤完成後都是要倒扣出來，所以都要在模型內塗抹奶油，並且撒入高筋麵粉。

至於塔類點心的模型，則是要看麵糊決定，準備的方法有所差異，詳細的說明可以參照p.66。

3.如何估計烤箱預熱的時間？

如果準備好材料和模型，接下來就是按照食譜開始操作了。在本書中，雖然有寫烤箱的預熱溫度，但因為烤箱依機種不同，達到溫度的時間不見得相同，所以，要估計當麵糊完成，放入烤箱時要正好達到需要的溫度的預熱時間。也就是說，操作時間和預熱達到溫度的時間要相互配合。

●按照書上寫的烘焙溫度去烤，為什麼無法成功？（← p.6）

實際上，烤箱的溫度和烘烤所需的時間，依每個人家中的烤箱不同，多少有些差異。而最好的判斷方法，就是實際烘烤一次海綿蛋糕，將調整到的最佳烘烤溫度當作基準。一般來說，重奶油蛋糕的溫度會比海綿蛋糕低；塔類點心用的甜塔皮（pâte sucrée）溫度和海綿蛋糕差不多；法式鹹派皮（pâte brisée）則比甜塔皮溫度略高；快速折疊派皮（feuilletage rapide）則溫度再高一點。大家可以此做判斷。

建議大家藉由實際烘烤點心，來掌握自家烤箱的特性，然後再做調整。此外，為了方便做調整溫度的測試，最好多購買一個烤盤。

●準備海綿蛋糕的模型

用刷子沾取軟化的奶油（不要使用融化奶油）塗抹在模型的側面，放入冷藏室冷藏再取出，然後撒入高筋麵粉。模型先放入冰箱冷藏，可以避免軟化的奶油沾附過多的高筋麵粉、烤好的蛋糕形狀不美觀。此外還有一個原因，就是這些奶油和高筋麵粉並不算在材料的量裡面（需額外準備），所以不可以加太多。模型的底部要鋪紙，但記得紙的尺寸要比模型小一點，這樣烘烤之後蛋糕會比較容易脫模。模型側面不用鋪紙，鋪紙的話蛋糕會縮小，成品的外型會不漂亮。

●長方形的模型要鋪紙

因為重奶油蛋糕的模型是細長型，而且有高度，所以在倒扣時很容易弄壞蛋糕體。整個模型內都鋪好紙，連紙一起將蛋糕拿出來比較容易。

首先準備一張紙，鋪入模型內折好，紙的高度要比模型高出約1公分，然後裁剪下來。將紙的中間部位放入模型的底部，先對好模型底部的大小後折好邊緣線條，四邊的角剪開後相疊放入模型。

●用哪種材質的紙比較好？

蒿半紙（以稻蒿或麥蒿製成的紙）因為吸油能力強，最適合用在烘焙。製作瑞士卷時，這種吸油紙很能派上用場，不妨多準備一些。除此之外，也可以使用烤盤紙或抗黏布，這樣就不需在烤盤上塗抹奶油，非常方便。

基本麵糊1

如何製作海綿蛋糕的麵糊？

活用蛋的起泡性特點製作。首先，將蛋充分打發至起泡！

製作海綿蛋糕，是從蛋的打發開始，但要充分打發才可以做出質地輕柔蓬鬆，像海綿般的蛋糕體。

●製作的首要條件是「完全打發」，不需要加入特殊的膨脹劑和乳化劑這類添加物。想要做出口感佳且美味的海綿蛋糕，按照適當比例的配方操作是成功的訣竅。

●海綿蛋糕的基本材料：全蛋1顆（含殼65克）、砂糖30克、低筋麵粉30克、奶油10～20克，這是最基本的配方。如果想要做出1個直徑20～22公分的海綿蛋糕，需準備這個配方3倍的量。

●海綿蛋糕的做法，有將全蛋打發的「全蛋打發法（genoise）」，以及將蛋黃、蛋白分開打發的「分蛋打發法（biscuit）」，其中以分蛋打發法製作的蛋糕，口感濕潤且蓬鬆。最基本的海綿蛋糕則是以全蛋打發法製作。分蛋打發法因為加入了蛋白霜（打發蛋白），所以要有足夠的烘烤時間。烤好的蛋糕切成薄片，可以夾入奶油餡，做成有好幾層的奶油蛋糕。另外，像p.26中的麵糊是加入了巧克力和香蕉果泥，然後以分蛋打發法製作。

首先，從p.19開始按照步驟說明，開始試著做做看。在操作的過程中，如果對方法、工具等產生疑問，可以先參照p.22的說明。等完全瞭解以後，再多操作幾次，相信一定熟能生巧，會愈做愈完美。

利用全蛋打發法（genoise）製作最傳統的海綿蛋糕！

材料（直徑 20 ～ 22 公分的圓形模型 1 個）
全蛋 3 顆
砂糖 90 克
水或糖水 1 大匙
低筋麵粉 90 克
無鹽奶油 30 克
＊糖水可參照 p. 36
＊如果操作的技術愈來愈好，可將奶油增加到 60 克。

◆預備動作
・準備好模型（參照 p.17）
・烤箱溫度設定在 180℃。

隔水加熱打發
1. 將全蛋倒入鋼盆，手持電動攪拌器先以低速打散，然後在鋼盆底下隔水加熱至蛋液變成約 40℃，轉成最高速將全蛋打發。鍋子加熱，保持水的溫度慢慢上升。

2. 砂糖分 3 次慢慢加入，持續隔水打發蛋糊。

以攪拌器持續打發到麵糊不會滴落
3. 當蛋糊加溫到 40℃，底下的水已達到 60℃，將蛋糊離開熱水，以手持電動攪拌器打到蛋糊降溫冷卻為止。（如果很難降溫的話，建議像照片中，在鋼盆底部再放一盆冷水）。此外，另取一鍋隔水加熱融化奶油，然後將已融化的奶油持續隔溫熱水保溫。

●如何分辨傑諾瓦士蛋糕（genoise）和彼士裘依蛋糕（biscuit）？
這 2 種都屬於法式海綿蛋糕，以製作方法的不同來取名，其中以全蛋打發法製作的稱作「傑諾瓦士蛋糕（genoise）」；以分蛋打發法製作的則稱作「彼士裘依蛋糕（biscuit）」。

●奶油的份量可以調整嗎？
建議初學者先從加入少量奶油開始做，等到技術較熟練再依個人喜好增加奶油量。其實，即使加入較多量的奶油，也不會變成重奶油麵糊，只是多少會抑制海綿鬆軟的口感；而奶油量多的話，蛋糕的口感則偏向扎實、酥脆

4. 左圖是打發蛋糊的最理想狀態！以打蛋器提起蛋糊時，蛋糊的尾端會先停留在打蛋器上一下，不易滴下來。

加入水

5. 倒入水或糖水，以打蛋器攪拌混合。

倒入麵粉拌勻

6. 低筋麵粉過篩，先取 1/2 量的麵粉加入鋼盆中，以打蛋器從鋼盆的另一邊，經由底部往靠近自己這一邊拌。然後以打蛋器將麵糊提（舀）高，讓麵糊落下。攪拌時一隻手轉動鋼盆，另一隻手拿打蛋器，讓麵糊藉由穿過打蛋器不鏽鋼線的間隙來混合拌勻。

7. 加入剩下的麵粉繼續攪拌，直到完全看不到麵粉為止。如果蛋糊有充分打發，拌入麵粉時會有蓬鬆感、不易消泡。

倒入溫熱的融化奶油

8. 以量匙的 1 大匙舀溫熱的融化奶油，一匙一匙地撒在麵糊表面。一邊以打蛋器舀起麵糊般放在融化奶油上，一邊像把奶油夾入麵糊般切拌均勻。拌至還可以看到些許奶油即可，但是不要拌過久。

將麵糊倒入模型

9. 最後以橡皮刮刀稍微拌麵糊，檢查底部的麵糊是否拌勻，然後將拌好的麵糊一口氣全部倒入模型中。

10. 以橡皮刮刀將殘留在鋼盆邊緣的麵糊刮乾淨，從模型邊緣（受熱良好）慢慢倒入，不可以直接倒在模型的中間。

＊如果在麵糊表面上看到奶油，就表示剛才奶油沒有拌勻，奶油會沉到麵糊的底部，這個部分的蛋糕就會比較重。

噴水器噴水後烘烤

11. 用細的噴水器在麵糊表面噴入足夠的水，放入烤箱，以 180℃烘烤，烘烤時要不時觀察狀況，大概烤 25 ～ 30 分鐘。

將模型往下丟

12. 因為怕蛋糕內縮，從距離桌面 30 ～ 40 公分的高處將模型往下丟。

蛋糕脫模

13. 將蛋糕的正面貼住涼架，整個往下倒扣，即可脫膜。然後再翻過來將蛋糕正面朝上，放在室溫下冷卻。

＊如果蛋糕倒扣脫膜後，就這樣直接擺放（就是蛋糕正面朝下），蛋糕會內縮，為了避免這種情況發生，蛋糕一脫膜要再翻過來，將蛋糕正面朝上擺放。

解開製作海綿蛋糕的疑問

經過試做之後，你做的傑諾瓦士蛋糕（genoise）好吃嗎？外表看起來漂亮嗎？如果蛋糕在烤箱裡面膨脹得很漂亮，但一出爐後就內縮，蛋糕的正面塌陷、側邊凹進去，這就是失敗了。就口感來說，質地粗而不夠細緻，這也是失敗。相反地，烘烤後的蛋糕組織氣泡較大，是很自然的。接下來要告訴大家幾個小訣竅，能夠幫忙解決操作過程中的疑問，讓你下次百分之百成功。

●為什麼一定要隔水加熱打發全蛋？

雞蛋中的蛋白具有起泡性，在單只有蛋白的情況下，不用隔水加熱也可以打發，不過，如果是全蛋的話，沒有隔水加熱會比較難打發。所以，以全蛋打發法製作蛋糕時，一定要隔水加熱才能成功打發。

準備盛裝熱水的鍋子時，大小一定要能放入整個操作中的鋼盆才行。一邊慢慢加熱使溫度升高，一邊打發全蛋，這樣有助於打發到最佳狀態。而溫度也有利於砂糖完全溶化、泡沫直挺，使之後加入麵粉和奶油時比較不容易消泡。

另外，剛從冰箱拿出來的蛋比較難打發，一定要使用室溫下的蛋。在工具方面，建議選購馬力較強的手持電動攪拌器，打發時可以邊移動鋼盆和攪拌器。

●全蛋要打到什麼狀態才可以？

一般解釋打發狀態時，通常會用「不滴落」或者「可以畫一個蝴蝶結而不消失」來說明，但我認為這樣是不夠的。說得仔細一點，蛋糊離開熱水時，要打發到可以畫一個蝴蝶結而不消失的程度，之後要打發至降溫冷卻，並且要打發成「以打蛋器舀起蛋糊時，一瞬間蛋糊固定住不會滴落」的程度。

當全蛋打發後，使其冷卻也是件重要的事。因為麵粉加入溫熱的蛋糊時會變黏稠，所以，如果無法即時降溫冷卻，就要隔冷水降溫。

●為什麼融化奶油要保持一定的溫度？
奶油在溫熱的狀態下比較不會對麵糊產生抵抗，可以順利拌入麵糊。冷的奶油因為沒有流動性，會直接沉到麵糊底部，無法拌入麵糊裡。所以，可以將融化奶油放在熱水鍋內保持溫度。

●為什麼麵糊的表面要噴水？
為了讓麵糊表面的大氣泡消失，使表面平滑，有些人會在烘烤之前，以模型敲打工作枱。不過，這樣做的話不僅大氣泡不見了，連要留下來的小氣泡也消失得無影無蹤。其實這些大氣泡並不會影響到蛋糕的風味，不必太擔心。在這裡分享一個好方法：以噴水器在麵糊表面噴一些水，再以刮板刮平。這個簡單的小撇步，就能讓麵糊表面一片平坦，烤好的蛋糕更漂亮。

●如何判斷蛋糕已經烤好了？
以手掌輕輕地按壓看看，稍微有彈性的話就是已經烤好了。如果有「咻」的氣音或凹陷，則表示烘烤的時間不夠。此外，因烤箱內受熱不均而烤得顏色不一時，可以將模型移到別的位置。如果是下火太強，建議在烤盤下方再重疊一張烤盤。還有，別忘了烘烤時要隨時注意烘烤的狀況。

●為什麼從烤箱拿出蛋糕時，蛋糕有點內縮？
質地輕盈的海綿蛋糕麵糊，出爐後多少都會有點內縮。為了防止這樣的狀況發生，可將未脫膜的蛋糕從距離桌面 30 ～ 40 公分的高處將模型往下丟。雖然動作有點粗暴，但卻能讓蛋糕內的熱空氣和外面的空氣瞬間對流，使蛋糕快速降溫，防止內縮的情況發生。然後要趕快脫膜，不然蛋糕還是會內縮。

●為什麼加入麵粉前要先加入水？
當全蛋已經打發到很結實的時候，直接加入麵粉會很難拌合，這時加入少許水，可以使蛋糊產生流動性，不僅容易攪拌，而且烤好的蛋糕口感也比較濕潤。也可以加入糖水。

●為什麼要使用打蛋器攪拌麵粉？
全蛋打發時加入少許水，可以使蛋糊產生流動性，麵粉過篩後分 2 次加入，然後不用換其他工具，直接以打蛋器攪拌就可以了。比起使用刮刀，麵粉直接穿過打蛋器不鏽鋼線的間隙，更容易攪拌混合。

●為什麼麵粉無法拌勻？
一般常聽到「攪拌過久，海綿蛋糕會變硬」、「大略攪拌」的說法，但不少人因此過份謹慎，反而導致攪拌不夠。如果攪拌不夠，蛋糕的質地會比較粗、不夠細緻，而且麵粉也會結粒。所以，要避免將打蛋器隨意旋轉過度攪拌。

攪拌時，輕輕握住打蛋器的柄，從麵糊的底部往上舀起，讓蛋糊和麵粉穿過不鏽鋼線的間隙往下流。同時，另一隻手轉動鋼盆，移動位置。重複這個動作，攪拌至完全看不到麵粉顆粒，然後再加入剩下的麵粉，以同樣的方式攪拌。記得絕對不可以大動作隨意攪拌，要有技巧地輕輕拌勻。

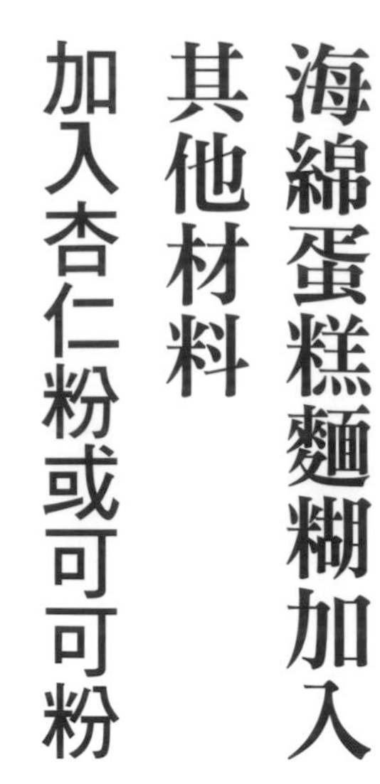

海綿蛋糕麵糊加入其他材料
加入杏仁粉或可可粉

1. 參照 p.19 全蛋打發法製作海綿蛋糕（傑諾瓦士蛋糕）的做法 1.～7.，加入低筋麵粉攪拌成麵糊（麵粉一次加入）。奶油隔水加熱放置保溫。

2. 將杏仁粉一次全部加入麵糊中，仔細拌勻（照片 A ～ B），但注意不要過度攪拌。

3. 加入保溫中的融化奶油，混合拌勻。最後以橡皮刮刀從麵糊的底部大動作地拌合，倒入準備好的模型中，以噴水器在麵糊上噴水，放入烤箱，以 180℃烤約 25 分鐘。蛋糕出爐後，將模型從高處往下丟，將蛋糕脫膜。將蛋糕的正面朝上，放在網架上冷卻（參照 p.21 傑諾瓦士蛋糕的做法 8. ～ 13.）。

B

杏仁傑諾瓦士蛋糕（全蛋打發海綿蛋糕）

材料（直徑 20 ～ 22 公分的淺圓模型，1 個份量）
全蛋 3 顆
砂糖 90 克
水或糖水 1 大匙
低筋麵粉 60 克
杏仁粉 60 克
無鹽奶油 40 克

◆預備動作
- 準備好模型（參照 p.17）
- 杏仁粉過篩，備用。
- 烤箱溫度設定在 180℃。（預熱）

●加入麵粉之後再加入杏仁粉
杏仁粉含有油脂，和麵粉混合時容易消泡，所以先加入麵粉攪拌後再加入杏仁粉。這個配方中因為加入了杏仁粉，90 克的基本麵粉量可以減少一點。

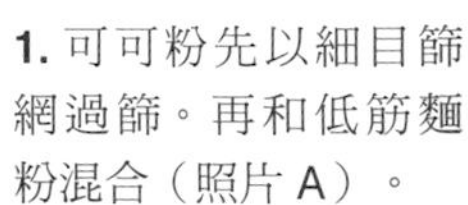

1. 可可粉先以細目篩網過篩。再和低筋麵粉混合（照片 A）。

2. 參照 p.19 全蛋打發法製作海綿蛋糕（傑諾瓦士蛋糕）的做法 1.～5.，打發全蛋後加入水。奶油隔水加熱放置保溫。

3. 做法 1. 的粉類過篩後，分 2 次加入麵糊中，以打蛋器從麵糊的底部將麵糊提（舀）高，讓麵糊穿過打蛋器不鏽鋼線的間隙往下流以拌合（照片 B～C），拌到看不到粉的顆粒為止。

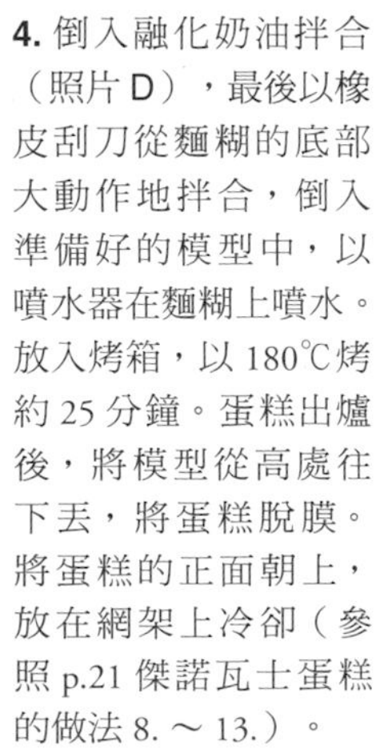

4. 倒入融化奶油拌合（照片 D），最後以橡皮刮刀從麵糊的底部大動作地拌合，倒入準備好的模型中，以噴水器在麵糊上噴水。放入烤箱，以 180℃烤約 25 分鐘。蛋糕出爐後，將模型從高處往下丟，將蛋糕脫膜。將蛋糕的正面朝上，放在網架上冷卻（參照 p.21 傑諾瓦士蛋糕的做法 8.～13.）。

可可傑諾瓦士蛋糕（全蛋打發海綿蛋糕）

材料（直徑 20～22 公分的淺圓模型，1 個份量）
全蛋 3 顆
砂糖 90 克
水或糖水 1 大匙
低筋麵粉 75 克
可可粉 15 克
無鹽奶油 40 克

◆預備動作
・ 準備好模型（參照 p.17）
・ 烤箱預熱至 180℃。

●混合可可粉和麵粉

單獨加入可可粉會比較難拌勻，所以可可粉和麵粉混合後再加入麵糊中拌勻。此外，可可粉所含的油脂較多，只要攪拌到看不到粉的顆粒即可，攪拌過度會容易消泡，操作時要特別注意。這個配方中加入的可可粉，是基本麵粉量 90 克的 1/6（15 克）。

加入融化巧克力或香蕉果泥

如果要將融化巧克力或香蕉果泥這種質地濃稠的液體加入麵糊，必須用分蛋打發法（彼士裘依 biscuit），也就是將蛋黃、蛋白分別打發的方法製作。打發蛋白的做法可以參照 p.28，將蛋白打發成乾性發泡的蛋白霜。

●巧克力要和奶油一起混合

融化巧克力比較濃稠，所以不容易攪拌。但如果加在融化奶油中，就會產生流動性，比較容易拌入麵糊。如果巧克力無法拌入麵糊，就無法品嘗到巧克力的滋味了。

不過，加入了巧克力之後，麵糊會比較黏稠，低筋麵粉的量要減少，改以黏性較低的玉米粉取代。玉米粉不可以和低筋麵粉混合，而是要加入蛋白霜中混合。

巧克力彼士裘依蛋糕（分蛋打發海綿蛋糕）

材料（直徑 20 ～ 22 公分的淺圓模型，1 個份量）

巧克力 60 克
無鹽奶油 30 克
蛋黃 3 顆份量
砂糖 45 克
蛋白 3 顆份量
砂糖 45 克
玉米粉 30 克
低筋麵粉 60 克

◆預備動作

- 準備好模型（參照 p.17）
- 烤箱溫度設定在 180℃。（預熱）

B

C

D

1. 將巧克力切碎，和奶油一起倒入小鋼盆，隔水加熱使其融化。
2. 將蛋黃和砂糖倒入另一個鋼盆，攪拌至顏色泛白、蛋黃液蓬鬆。
3. 將砂糖分 3 ～ 4 次加入蛋白中，參照 p.28 打發成乾性發泡的蛋白霜，再拌入玉米粉混合。
4. 取 1/3 量的蛋白霜加入做法 2. 中，攪拌均勻（照片 A）。
5. 低筋麵粉過篩後，一次全部加入，以橡皮刮刀混合拌勻。因為這個麵糊無法流動，所以要用切拌的方式混合（照片 B）。
6. 將融化的巧克力倒入做法 5. 中，以打蛋器混合（照片 C）。
7. 加入剩下的蛋白霜，仔細攪拌至看不到蛋白霜為止（照片 D），最後以橡皮刮刀從麵糊的底部大動作地拌合，倒入準備好的模型中，以噴水器在麵糊上噴水，放入烤箱，以 180℃烤約 25 分鐘。蛋糕出爐後，將模型從高處往下丟，將蛋糕脫膜。將蛋糕的正面朝上，放在網架上冷卻（參照 p.21 傑諾瓦士蛋糕的做法 9. ～ 13.）。

＊如果想要把切碎的巧克力直接加入，必須以全蛋打發法製作。加入低筋麵粉後，再倒入巧克力碎混合，最後加入奶油後烘烤。

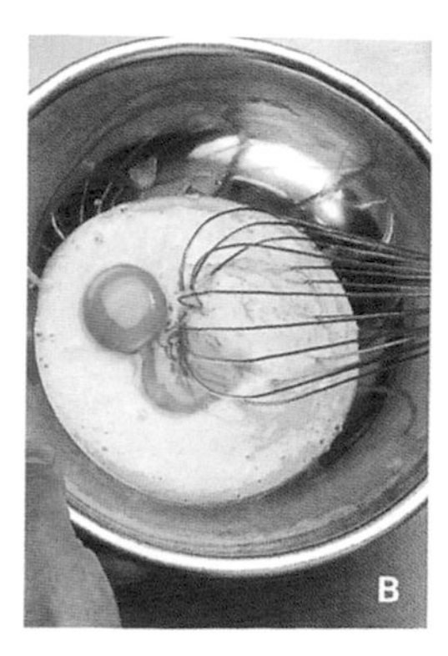

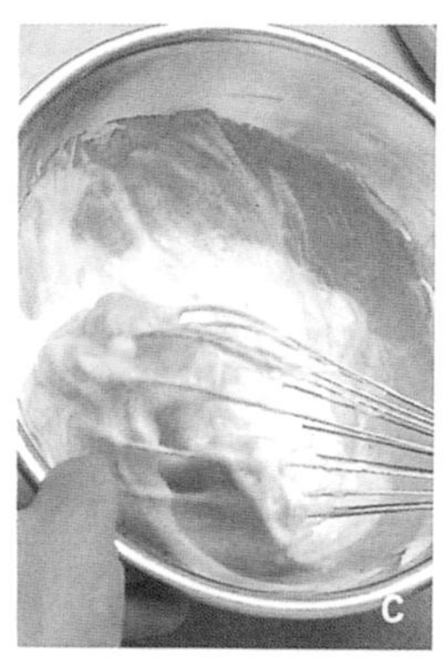

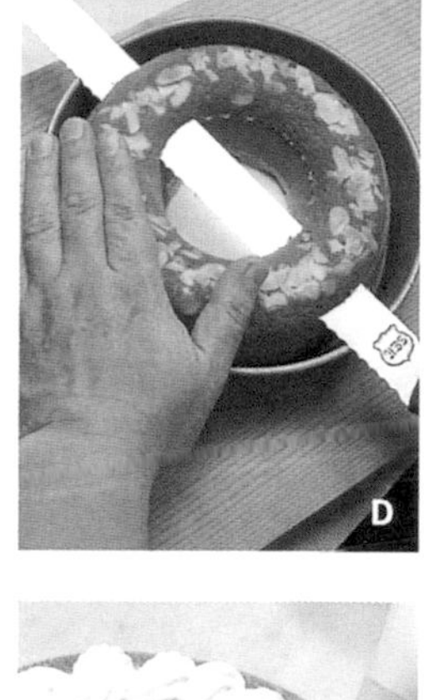

1. 將香蕉、糖、鹽混合，倒入食物調理機攪拌成果泥，再加入蛋黃混合（照片 B）。

2. 將砂糖分 3 ～ 4 次加入蛋白中，參照 p.28 打發成乾性發泡的蛋白霜。取 1/3 量蛋白霜加入混合好的果泥中攪拌（照片 C）。

3. 將過篩後的粉類材料一次全部倒入，以打蛋器充分混合。加入溫熱的融化奶油，攪拌混合。

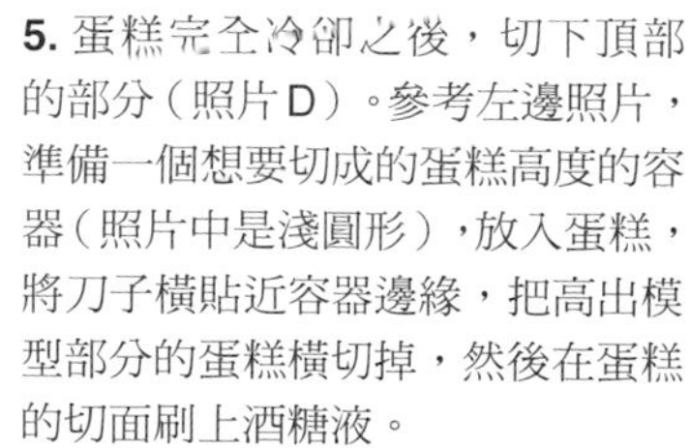

4. 加入剩下的蛋白霜，仔細攪拌均勻。以橡皮刮刀從麵糊的底部大動作地拌合，倒入準備好的模型中，以噴水器在麵糊上噴水，放入烤箱，以 180℃ 烤約 25 分鐘。蛋糕出爐後，將模型從高處往下丟，將蛋糕脫膜。將蛋糕的正面朝上，放在網架上冷卻（參照 p.21 傑諾瓦士蛋糕的做法 9. ～ 13.）。

5. 蛋糕完全冷卻之後，切下頂部的部分（照片 D）。參考左邊照片，準備一個想要切成的蛋糕高度的容器（照片中是淺圓形），放入蛋糕，將刀子橫貼近容器邊緣，把高出模型部分的蛋糕橫切掉，然後在蛋糕的切面刷上酒糖液。

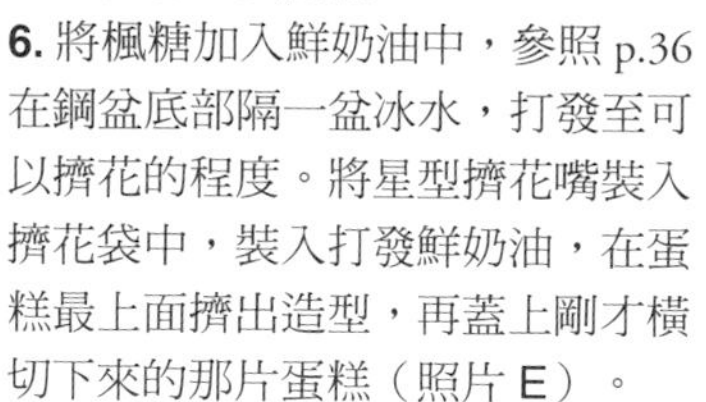

6. 將楓糖加入鮮奶油中，參照 p.36 在鋼盆底部隔一盆冰水，打發至可以擠花的程度。將星型擠花嘴裝入擠花袋中，裝入打發鮮奶油，在蛋糕最上面擠出造型，再蓋上剛才橫切下來的那片蛋糕（照片 E）。

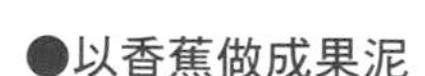

●以香蕉做成果泥

這個蛋糕是以分蛋打發法製作的，所以必須先將香蕉果泥和蛋黃拌勻。在這裡我先把杏仁片撒在模型底部後烘烤，使上層蛋糕有不同的變化。夾層則塗抹楓糖風味的鮮奶油。

香蕉彼士裘依蛋糕（分蛋打發海綿蛋糕）

材料（直徑 18 公分的環狀模型，1 個份量）

去皮香蕉 80 克
砂糖 40 克
鹽 1 小撮
蛋黃 2 顆份量
| 蛋白 2 顆份量
| 砂糖 40 克
低筋麵粉、杏仁粉、玉米粉各 30 克
無鹽奶油 30 克
鋪在模型底部的杏仁片適量
| 鮮奶油 100 毫升
| 楓糖 20 毫升
裝飾用酒糖液適量

◆預備動作

・取材料量之外的奶油塗抹模型，模型放入冰箱冰一下，取出撒入材料量之外的高筋麵粉，模型底部撒入杏仁片（照片 A）。
・低筋麵粉、杏仁粉和玉米粉混合後過篩。
・奶油隔水加熱放置保溫。
・烤箱溫度設定在 180℃。（預熱）

鮮奶油霜飾

海綿蛋糕霜飾的奶油霜，除了使用打發鮮奶油做成的鮮奶油香堤（crème chantilly）之外，這裡還要介紹以奶油做成的奶油霜（crème au beurre）、巧克力甘那許、裝飾整個蛋糕表面的巧克力鏡面淋醬（pâte à glacer）、以卡士達醬（custard cream）做成的慕斯寧餡（crème Mousseline）的做法。此外，在p.42中的瑞士卷中還介紹了帝布羅奶油餡（diplomat cream）。

●工具方面，要準備一個蛋糕旋轉台，把鮮奶油抹在蛋糕上時，才可以塗抹得平均又漂亮。

●預先在海綿蛋糕上刷些糖水或果醬，除了可以增添風味和口感，也比較容易將鮮奶油抹在蛋糕上。

●為了增添口感和香氣，建議加入自己喜歡的香甜酒取代人工的香草精。也可以加入果醬，一般都使用百搭的杏桃果醬，但果醬使用前要記得先過篩。

材料
蛋白 3 顆份量
砂糖 45 克
＊砂糖的量和種類依據西點的種類而異，這裡使用的是特細砂糖。

1. 將蛋白倒入鋼盆，先以低速攪打。

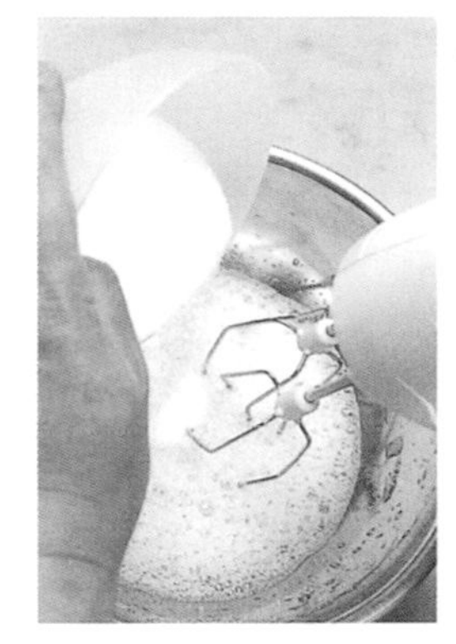

2. 當完全看不見液體，打至全部蛋白變輕且泡沫粗大時，加入 1/3 ～ 1/4 量的砂糖，然後以高速攪打。

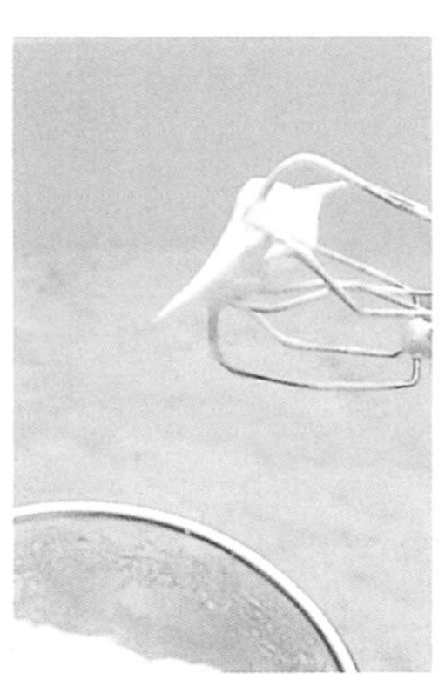

3. 打至蛋白霜形成一個直挺的尖端的狀態。

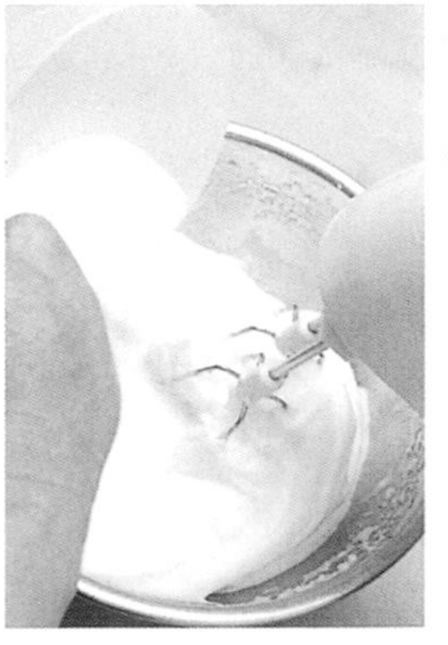

4. 再次確認蛋白霜有打到做法 3. 的狀態後，再加入相同量的砂糖。

5. 持續以高速打發。當砂糖一加入，蛋白霜就會瞬間塌陷、消泡，但繼續打又會變成堅固，繼續打至做法 3. 的狀態後，再繼續加入砂糖。

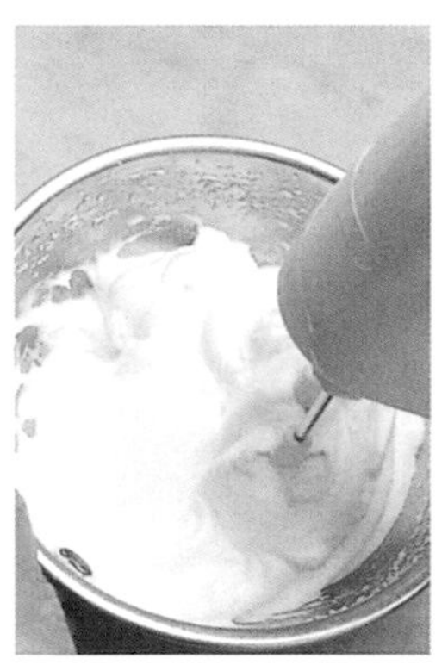

6. 倒入剩下的砂糖，重複剛才攪打的動作，打發成像 p.28 圖中的最佳狀態。

鮮奶油霜飾

海綿蛋糕霜飾的奶油霜，除了使用打發鮮奶油做成的鮮奶油香提（crème chantilly）之外，這裡還要介紹以奶油做成的奶油霜（crème au beurre）、巧克力甘那許、裝飾整個蛋糕表面的巧克力鏡面淋醬（pâte à glacer）、以卡士達醬（custard cream）做成的慕斯寧餡（crème Mousseline）的做法。此外，在p.42中的瑞士卷中還介紹了帝布羅奶油餡（diplomat cream）。

●工具方面，要準備一個蛋糕旋轉台，把鮮奶油抹在蛋糕上時，才可以塗抹得平均又漂亮。

●預先在海綿蛋糕上刷些糖水或果醬，除了可以增添風味和口感，也比較容易將鮮奶油抹在蛋糕上。

●為了增添口感和香氣，建議加入自己喜歡的香甜酒取代人工的香草精。也可以加入果醬，一般都使用百搭的杏桃果醬，但果醬使用前要記得先過篩。

鮮奶油香堤→ p.34

奶油霜→ p.38

慕斯寧餡→ p.39

甘那許→ p.40

巧克力鏡面淋醬→ p. 41

鮮奶油做成的
鮮奶油香提

大家對蛋糕上的奶油霜飾一定不陌生，但大概很少人知道，想要把這些鮮奶油裝飾得漂亮，其實是需要一些技巧的。

●打發鮮奶油時，記得在鋼盆底墊一盆冰水，然後將鮮奶油倒入鋼盆，再用把柄較短、堅固的打蛋器打發。操作時，不要一次把全部的鮮奶油打發，要依據用途，比如說表面霜飾、擠花用，使用前再分別打發。

有的時候覺得打發得剛剛好，但經過又塗抹、又擠花之後，打發鮮奶油變得粗糙，就是因為不分用途一起打發的緣故。

●為了讓鮮奶油細緻，在快達到所需的打發狀態前，就必須稍微控制停下來，不要過度打發，這樣塗抹裝飾時才會是剛好的狀態，蛋糕抹刀不需一直重複塗抹，也能抹得漂亮。

●塗抹時為了讓上面平滑漂亮，所以要將蛋糕的底部朝上擺放。

材料（直徑 20 ～ 22 公分，海綿蛋糕 1 個表面霜飾的份量）
鮮奶油 120 毫升
砂糖 2 ～ 3 小匙
喜歡的香甜酒 1 大匙
裝飾用酒糖液適量
＊酒糖液是以砂糖 1：水 2 的比例，煮至砂糖溶化後放涼，再加入喜歡的香甜酒拌勻製成。
＊鮮奶油的分配量是：中間水果餡夾心約 120 ～ 150 毫升，表面霜飾約 80 ～ 100 毫升。

◆預備動作
準備一鋼盆的冰水，以及比這個鋼盆再略小一點的鋼盆（裝鮮奶油用）。

●那一種鮮奶油比較好？
要選用成分中有標明「鮮奶油（cream）的。植物性鮮奶油或有加入其他添加物的，雖然比較容易打發且容易保存，但是和動物性鮮奶油的風味不同，所以，使用含 45%乳脂肪的為佳。購買鮮奶油時，連同保冷劑放在同一個袋子裡帶回家，放在冰箱保存，要使用前再拿出來。

●擠花用鮮奶油霜
以打蛋器提（舀）起鮮奶油霜時，尾端呈現柔軟、直挺的尖端狀態。

●表面霜飾
鮮奶油打發到像照片中這樣，鮮奶油霜會慢慢流下的程度。

塗抹鮮奶油

4. 將海綿蛋糕放在旋轉台上，表面刷上酒糖液，將全部的鮮奶油倒在蛋糕中間。

5. 手握抹刀，刀面和蛋糕呈 30 度斜角（刀面向內），一邊慢慢轉動旋轉台，一邊先塗抹蛋糕最上層。這裡要注意抹刀不要重複抹太多次，否則鮮奶油會變粗糙，盡可能轉動旋轉台一圈後抹平。

6. 將流到蛋糕側面的鮮奶油霜也抹平。和塗抹上層蛋糕時一樣，刀面和蛋糕呈 30 度斜角，轉動旋轉台一圈抹平。

7. 將抹刀稍微插入蛋糕底層和旋轉台之間，然後慢慢轉動旋轉台，這樣就可以將底部多餘的鮮奶油霜抹掉。

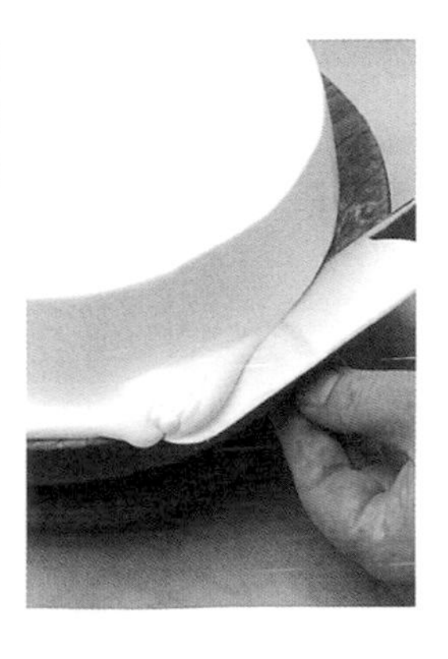

打發鮮奶油

1. 將鮮奶油、砂糖、香甜酒倒入鋼盆中，底下墊一盆冰水。鮮奶油鋼盆的底部要碰到冰水，使整盆鮮奶油維持在冰冷的狀態下操作。

2. 剛開始，以打蛋器像畫圓圈般依順時鐘方向攪動。

3. 等鮮奶油變糊狀，邊觀察打發狀態，邊打發至需要的用途的程度（這裡要做表面霜飾）。

海綿蛋糕的變化款點心

杏仁蛋糕

如果想要品嘗濃郁的杏仁香，那就試試利用杏仁膏（marzipan，也叫杏仁糖衣）來製作美味蛋糕吧！在一般人的印象中，杏仁膏通常是用在甜點的精緻裝飾，不太好吃，其實，如果拿杏仁比例較高、口味佳的精緻杏仁膏（rohmarzipan）來做蛋糕，它的美味一定會讓你驚艷的。

製作上，是利用分蛋打發法海綿蛋糕（彼士裘依蛋糕）的做法。模型方面，這裡是使用平常做冰淇淋時的小圓模型，如果要使用大圓模型的話，建議選擇易受熱的環狀模型為佳。

杏仁蛋糕

材料（直徑 5 公分、高 4.5 公分的小圓模型，12 個份量；直徑 18 公分的環狀模型，1 個份量）

精緻杏仁膏（rohmarzipan）200 克
全蛋 2 顆
蛋黃 1 顆份量
鹽 1 小撮
砂糖 40 克
蘭姆酒 2 大匙
低筋麵粉 20 克
玉米粉 20 克
無鹽奶油 80 克
{ 蛋白 1 顆份量
{ 砂糖 20 克
核桃 100 克

＊這個配方是使用杏仁 2：砂糖 1 比例的精緻杏仁膏。

◆預備動作

- 杏仁膏放在室溫下使其呈柔軟狀態。
- 取材料量之外的奶油塗抹模型，模型放入冰箱冰一下，取出撒入材料量之外的高筋麵粉。
- 低筋麵粉、玉米粉混合後過篩。
- 奶油隔水加熱放置保溫。
- 核桃切成粗粒。
- 烤箱溫度設定在 180℃。（預熱）

1. 以手揉搓杏仁膏使成柔軟狀態，放入鋼盆中，一點一點慢慢地加入攪拌均勻的蛋液，用橡皮刮刀按壓攪拌，使蛋液融入杏仁膏中（照片 A）。如果一次就加入全部的蛋液，杏仁膏會攪拌不勻，呈現顆粒狀態。

2. 將蛋黃、鹽和 40 克的砂糖倒入做法 1. 中，以手提電動攪拌器用高速打 3～4 分鐘，然後加入蘭姆酒攪拌混合（照片 B）。另取一鋼盆，放入蛋白，將 20 克的砂糖分成 3～4 次加入，參照 p.28 打發成乾性發泡的蛋白霜。

3. 將過篩的低筋麵粉、玉米粉一次全加入做法 2. 的杏仁膏中，以橡皮刮刀仔細攪拌混合（照片 C）。

4. 加入保溫中的融化奶油拌勻（照片 D）。然後加入蛋白霜，攪拌均勻。

5. 最後加入核桃碎，全部攪拌均勻（照片 E）。

6. 將拌好的麵糊倒入烤盤中，以噴水器在麵糊表面噴些水，放入烤箱，以 180℃烤約 20 分鐘（照片 F）。

A

B

C

D

E

F

上圖　大理石重奶油蛋糕→ p.59
中圖　分蛋打發法做成的法式四分之四蛋糕
（法文為 quatre-quarts，即重奶油蛋糕）→ p.54
下圖　什錦水果蜜餞重奶油蛋糕→ p.58

基本麵糊2

如何製作重奶油蛋糕的麵糊？

首先，將奶油攪打至鬆軟乳霜狀後再製作，成品就是重奶油蛋糕。

重奶油蛋糕（butter cake）是將奶油攪打至鬆軟乳霜狀態時，加入砂糖或蛋、麵粉混合而成的美味點心。

●製作時，最重要的是如何將奶油打至產生乳化作用。不管怎樣，最先要做的是將奶油從冰箱中取出，放在室溫下使其回軟。

在做法上，到底要將蛋用哪種形式和乳化的奶油混合拌勻呢？通常有2種方法。第一種比較簡單的方法，是將整顆蛋攪散成蛋液後直接加入，也就是「全蛋混合法」，不過這種方法會面臨到一個很大的困難——容易出現油水分離狀態。奶油中含有大量油脂，蛋中含有水分，兩者本來就很難混合。也許有的人會說，如果油水分離了，就「加入一些麵粉補救」，不過，經過一次油水分離的麵糊，即使看起來好像混合均勻了，但也絕不是麵糊最理想的狀態。而且這樣子等於失去了一開始將奶油乳化的意義。

●利用把蛋分成蛋黃和蛋白，再分別加入奶油的「分蛋打發法」操作，雖然打發蛋白霜要花很多時間，但卻不用擔心油水分離的現象發生。蛋黃中含有天然的乳化劑，所以蛋黃和奶油混合再簡單不過；蛋白也只要打發成蛋白霜再和麵粉混合就可以了。而且，這樣做出來的蛋糕，比起「全蛋混合法」，口感更加輕盈、鬆軟。

●關於重奶油蛋糕的基本做法，從口感來看，我還是建議用「分蛋打發法」來製作比較好。

3種法式四分之四蛋糕
卡雷特柳橙塔

這一道卡雷特柳橙塔（galette charen-taise），是我在一本介紹法國夏朗特（charente）地方的鄉土料理的書中看見的點心。在它的做法中，我覺得加入奶油的方法很特別，所以就試著做看看，結果成品外層堅硬，裡面則口感濕潤，樸實的風味令人讚不絕口。在做法上，首先，將全蛋和砂糖打發，然後加入麵粉充分拌勻，接著一般的做法是加入融化奶油，但是這裡卻是加入攪打至鬆軟乳霜狀的奶油。這大概是因為全蛋＋砂糖＋麵粉混合後的狀態，和乳霜狀奶油都是差不多的軟度，所以能夠輕鬆混合吧！

雖然我一邊操作，一邊想著：「如果用法式四分之四蛋糕配方的話，大概做不出來吧？」但還是做了一道p.53的「夏朗特風」四分之四蛋糕。

材料（直徑 22 ～ 24 公分淺圓模型或塔模，1 個份量）
無鹽奶油 120 克
全蛋 2 顆
鹽 1 小撮
砂糖 120 克
柳橙皮屑 1 個份量
檸檬皮屑 1 個份量
檸檬汁 1 大匙
橙花水 2 ～ 3 小匙
低筋麵粉 200 克
裝飾用特細砂糖適量
＊橙花水，是將橙花蒸餾製成橙花油時產生的香料水，如果買不到，可以用康圖酒等香甜酒代替。

◆預備動作
・ 奶油放在室溫下回軟。
・ 取材料量之外的奶油塗抹模型的側邊，模型放入冰箱冰一下後取出，撒入材料量之外的高筋麵粉，模型底部要鋪紙。
・ 烤箱溫度設定在 180℃。（預熱）

A

D

B

E

C

1. 將軟化的奶油倒入鋼盆中，攪打成鬆軟乳霜狀（照片A）。

2. 另取一鋼盆，加入全蛋、鹽、砂糖，以手持電動攪拌器充分打發（照片 B）。

3. 加入柳橙皮屑、檸檬皮屑、檸檬汁和橙花水混合，再加入過篩後的低筋麵粉，以橡皮刮刀混合至看不到麵粉且稍微有點黏性（照片 C）。

4. 將攪打軟的奶油全部一次加入做法 3. 中，混合均勻（照片 D）。

5. 將麵糊慢慢倒入準備好的模型中，然後抹平，撒入特細砂糖，放入烤箱，以 180℃烤約 25 分鐘（照片 E）。

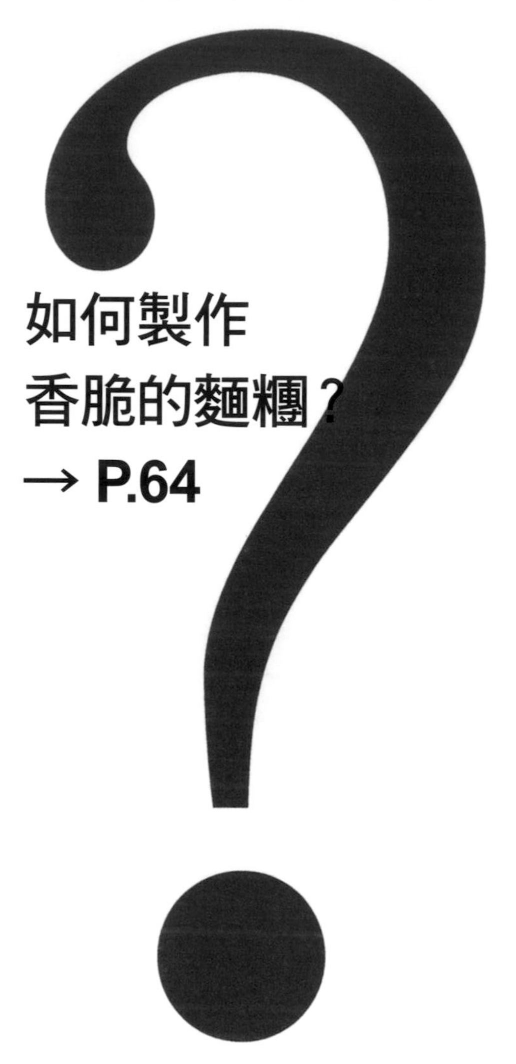

如何製作
香脆的麵糰？
→ P.64

如何製作可可或杏仁風味的麵糰→ p.64
哪一種麵糰的應用最廣泛？→ p.64
為什麼無法做出有層次的麵糰？→ p.68
為什麼派皮麵糰要鬆弛好幾次？→ p.68
為什麼烤焙後麵糰會內縮？→ p.70
為什麼內餡被沾得黏呼呼的？→ p.71

從上而下分別是杏仁塔、杏桃塔、洋梨塔→ p.73

什麼是甜塔皮？

●說到應用最廣泛、一定要學會的塔皮麵糰，非甜塔皮（pâte sucrée）莫屬。它的特色在於麵團組織細緻且口感酥脆。如果直接以模型按壓塔皮後入爐烘烤，成品就是很受歡迎的奶油酥餅（sablé、音譯為沙布蕾）。

●製作甜塔皮的訣竅在於將所有的材料混合拌勻，其實做法並不難，不過，有時做法簡單反而容易讓人做得不完全，所以一定要仔細的操作每一個步驟。甜塔皮一旦失敗，不僅擀壓時容易碎裂，而且鋪放入模型時也會破掉。

●完成的麵糰必須放入冰箱冷藏室中讓它鬆弛，如果鬆弛的時間不夠，烘烤出來的塔皮會粉粉有顆粒，很不好吃。甜塔皮配方中的水比較少，所以盡可能鬆弛一個晚上之後再取出操作。也就是說，必須在製作的前一天，將甜塔皮麵糰做好，讓它鬆弛。

此外，為免塔皮烘烤後縮小，必須經過盲烤（blind bake）的步驟。可以在入模整型好的甜塔皮麵糰上鋪一張鋁箔紙，再放入一些重物壓著後入爐烘烤，使塔皮固定成形。

材料（成品約 400 克份量）
無鹽奶油 100 克
鹽 1 小撮
糖粉 80 克
蛋黃 1 顆份量（約 20 克）
低筋麵粉 200 克

◆預備動作

・奶油放在室溫下使其回軟

●如何做出酥脆的口感？

雖然說口感酥脆和配方中選用糖粉、蛋黃多少有點關係，但其實最重要的還是做法。將奶油、砂糖和蛋黃充分攪拌至鬆軟乳霜狀時加入麵粉，麵粉無法產生黏性（筋性），自然能做出口感酥脆的甜塔皮。

●可以用其他食材取代配方的材料嗎？

如果改用不同的材料，對口感會有一定程度的影響，例如不使用糖粉，而是以細砂糖或特細砂糖代替的話，品嘗時會有點像咬碎硬物時的口感，而不會有酥脆的口感；蛋黃若改用全蛋，口感則會偏硬。

●如何製作可可或杏仁風味的麵糰？ **→ p.62**

甜塔皮可以變化出多種風味，大家一定要試試。舉例來說：製作可可麵糰時，如果配方中是用 200 克的低筋麵粉，那其中 30 ～ 40 克要改成可可粉；製作杏仁麵糰時，並不是直接將低筋麵粉換成杏仁粉，而是將低筋麵粉改成 170 克，然後加入 50 克的杏仁粉，再依個人喜好加入肉桂粉來增添風味。

5. 麵粉拌勻至圖片中的狀態。

6. 將剩下的麵粉過篩後加入，因為用打蛋器比較難混合，這裡改用橡皮刮刀。以刮刀拌至看不到麵粉。別忘了將沾覆在打蛋器上的麵糰剝下，放入盆中一起拌。

讓麵糰鬆弛一晚

7. 最後以手整成一個光滑細緻、有點濕潤的麵糰，確認麵糰狀態後放入塑膠袋中。

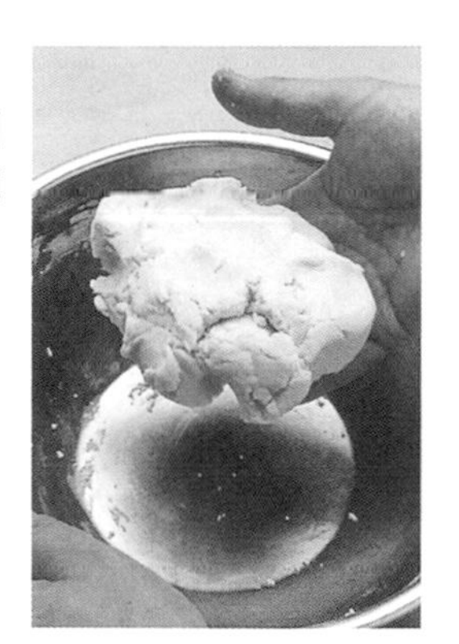

8. 以擀麵棍輕輕將麵糰壓平，放入冰箱的冷藏室鬆弛一晚。

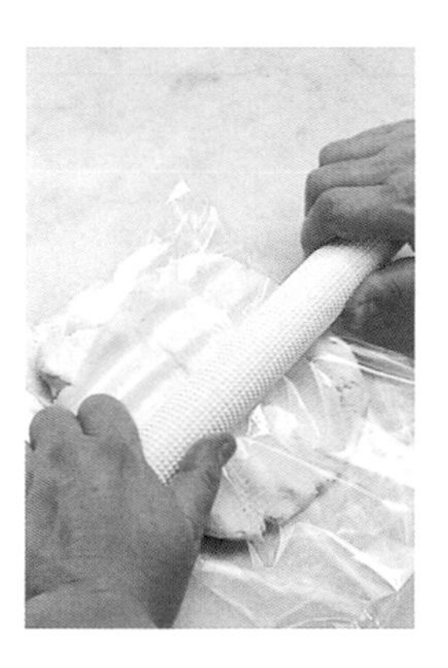

奶油回軟，加入砂糖和蛋黃。

1. 將軟化的奶油加入鋼盆中，加入鹽以打蛋器攪拌，攪打至以打蛋器勾起奶油霜，奶油霜會形成一個柔軟直挺的尖端。

2. 將糖粉分 3 次加入做法 1. 中，每一次加入時都要充分拌勻，然後再加入糖粉，重複動作。

3. 加入蛋黃，充分攪拌均勻。

4. 取 1/3 量的低筋麵粉過篩後加入，以打蛋器混合至看不到麵粉為止。

鹹派皮

除了最實用的甜塔皮之外，另外一種也被廣泛利用的是法式鹹派皮（pâte brisée）。鹹派皮和甜塔皮一樣，經過烘烤後口感都很酥脆，但因為兩者的配方和做法都不同，所以，鹹派皮的組織較粗，吃的時候多了點卡滋卡滋的聲音。

在做法上，鹹派皮不像甜塔皮要全部混合拌勻，只要讓麵粉稍微沾覆切細的奶油，使呈鬆散的小顆粒狀，再倒入水拌成糰即可。也就是說，不需將麵粉和奶油拌得很均勻。

●製作時要注意的重點，是要將切細的奶油丁和麵粉混合成小顆粒狀。一般的做法是「奶油和麵粉事先冰過，然後將冰奶油放在冰麵粉中切成細丁」，但是我的做法比較不一樣。

●我的秘訣是麵粉依然放冰箱中冰涼，但是奶油不需放入冰箱，在常溫下攪拌後，加入冰涼的麵粉中就可以了。奶油碰到冰涼麵粉的過程中體積會變小且凝固，很輕鬆地就能做成鬆散，有小顆粒狀的麵糰。如果用這種方法操作，能縮短手碰到麵糰的時間，很有效率。

●這種鹹派皮會因為麵粉產生筋性而容易縮小，所以將鹹派皮鋪入模型，整型之後，要讓麵糰鬆弛1個小時再入爐烘烤，進入盲烤的步驟。盲烤前，在整型好的鹹派皮麵糰上鋪一張鋁箔紙後放入重物壓好，經過烘烤固定鹹派皮的形狀，以免烘烤後縮小。

●如何區分甜塔皮和鹹派皮？

鹹派皮的配方比較不甜，通常在比較需要控制甜度，或者餡料很甜的時候使用。此外，製作法式鹹派（quiche）時，也都是使用鹹派皮。

材料（成品約 450 克份量）
低筋麵粉 250 克
砂糖 1 大匙
鹽 1/2 小匙
無鹽奶油 150 克
全蛋小的 1 顆（剝掉殼重 45 ～ 50 克）

◆預備動作
・將低筋麵粉放入冰箱冷藏或冷凍，充分冰涼。等一下操作時要使用的鋼盆，也要先冰過。
・奶油放在室溫下使其回軟，攪拌至鬆軟柔滑狀。

1. 將冰涼的低筋麵粉倒入鋼盆中，加入砂糖、鹽，以打蛋器一邊充分拌勻，一邊加入柔滑的奶油。

2. 以打蛋器像要弄碎奶油般，從上往下壓碎，將奶油切成細粒，然後再左右移動打蛋器，把奶油壓成很細的小顆粒。

鬆散的顆粒狀

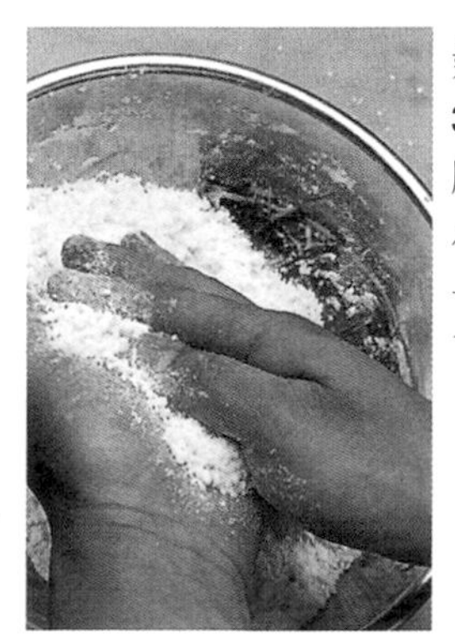

3. 拿開打蛋器，以手掌將麵糰摩擦至更細小，如同麵包粉的小顆粒。記得摩擦的動作要快一點，如果動作太慢奶油融化了，麵糰就會變得黏黏的。

倒入蛋液

4. 分散倒入拌勻的蛋液（不要只倒入同一個地方）。

5. 剛開始用刮刀大略混合。

讓麵糰鬆弛一晚

6. 最後用手稍微捏揉（不可太久或太用力），整成麵糰。

7. 將麵糰放入塑膠袋中，以麵棍輕輕將麵糰壓平，放入冰箱的冷藏室鬆弛一晚。

如何製作快速折疊派皮？

想製作快速折疊派皮（feuilletage rapide）這類具有層次，也就是以麵糰包裹奶油再擀壓的傳統折疊派皮麵糰，不是一件簡單的事情。

●接下來，我要介紹一種短時間就可以完成的折疊派皮麵糰——快速折疊派皮（feuilletage rapide）。

●首先，將切成小塊的奶油散布在麵粉中，以手按壓，整成一個麵糰，然後重複多次擀壓、折疊的步驟，使奶油融入每一層麵糰之中。

雖然說這種折疊派皮很快就可以完成，但還是得花一些時間操作，不過為了它獨特的口感和散發出的濃厚香氣，再辛苦也值得。而這種麵糰得經過不斷擀壓、捲起、包覆等步驟，比起其他種麵糰需要更多的操作時間，建議大家利用平日的空檔，好好安排時間來試試。

此外，有一點要特別注意，因為這種麵糰很容易發霉，盡可能在3天內使用，如果要放更多天的話，必須放入冰箱冷凍保存，不過還是要盡早使用。

材料（成品約 520 克份量）
高筋麵粉 125 克
低筋麵粉 125 克
無鹽奶油 150 克
水 125 毫升
鹽 1/2 小匙
手粉用高筋麵粉適量
＊這個基本配方的份量，可以做成 3 個直徑 20 公分的塔模。雖然量多了點，但因為是最容易操作的份量，建議大家把用不完的麵糰放入冰箱冷凍保存。

◆預備動作
・將兩種麵粉混合，備用。
・鹽放入材料中的水溶化。
・將材料都放入冰箱冷藏冰涼。

●為什麼派皮麵糰要鬆弛好幾次？
（← p.62）
麵糰經過擀壓和折疊之後，不僅會產生筋性使得麵糰回縮，很難再進行擀壓，而且更使奶油軟化，變得很難操作。所以，一旦擀壓使麵糰產生筋性（彈性），必須讓麵糰鬆弛一下。等充分靜置、鬆弛後，麵糰比較不會回縮，有利於繼續擀壓。麵糰要放入冰箱冷凍室鬆弛前，記得要包上一層塑膠片或塑膠袋，否則麵糰會變得乾燥。此外，折疊派皮時要記下折疊的次數，以免多折或少折。

●為什麼無法做出有層次的麵糰？
一旦奶油變軟，就很容易和麵粉融合在一起，無法形成層次。所以，製作派皮麵糰時，事先將麵粉、奶油和水都放入冰箱冰涼是非常重要的，可說是派皮成功的關鍵。

●為什麼使用一半份量的高筋麵粉？
只用低筋麵粉的話筋性比較弱，做出來的麵糰效果不好，所以改用一半份量的高筋麵粉。但如果手邊有中筋麵粉也可以使用。

麵粉和奶油以切的方式混合

1. 將冰涼的麵粉倒入鋼盆中，再加入切成 0.5 公分厚的奶油，以刮板切成 1 公分的丁狀。

2. 將全部的冰鹽水四處分散灑入做法 1. 中。

整成麵糰後鬆弛

3. 先用刮板混合，然後用手指尖抓拌，整成一個麵糰。將麵糰放入塑膠袋中，以擀麵棍輕輕擀平，放入冰箱冷藏室鬆弛一個晚上。

＊如果麵糰中還看得到一點點奶油花也沒關係。這時的麵糰看起來很鬆散，而且也沒有什麼水分，但只要讓麵糰鬆弛一下，就會變成有點濕的狀態。

隔天取出，擀壓、折疊。

4. 隔天取出麵糰，放在工作枱上面，麵糰兩面都撒上些許高筋麵粉當作手粉，再以刷子刷掉多餘的麵粉。

5. 剛開始時，一邊用擀麵棍像要把麵糰壓碎般，一邊轉動擀麵棍擀開麵糰。

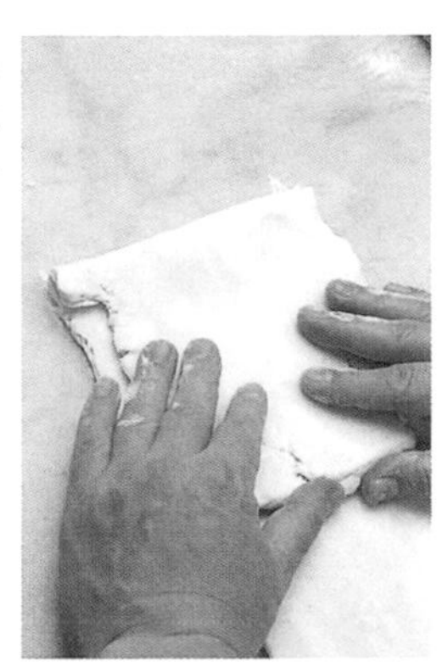

6. 當麵糰擀開到約 40 公分長時，將麵糰由內往外折疊，再由外往內折疊，完成第一次的三折。

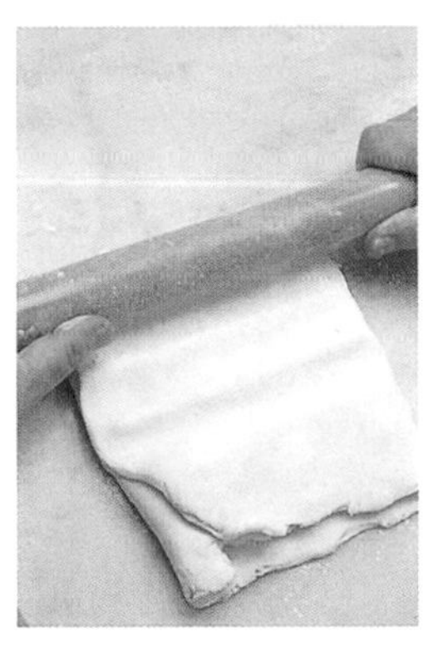

7. 將做法 6. 的麵糰旋轉 90 度，在麵糰兩面撒上手粉，刷掉多餘的手粉，將麵糰擀成和剛才一樣的長度，重複折疊的動作，完成第二次的三折。

8. 這個三折動作一共要重複 5 次。在折疊麵糰的過程中，如果變得很難擀開，或者奶油變軟導致難以操作的話，可將麵糰放入冰箱冷藏室中鬆弛一下。但要記下已經折疊麵糰的次數。最後將折疊好的麵糰分割成需要的量。

製作塔的時候，要準備哪些東西？

開始操作前，針對自己要做的麵糰來準備。

1. 準備模型

●甜塔皮和鹹派皮

取材料量之外的軟化奶油塗抹在整個模型內，放入冰箱冰一下，然後取出撒入材料量之外的高筋麵粉。

●快速折疊派皮

這種麵糰和模型之間無法完全貼近密合，容易脫離，所以要塗抹一層薄薄的奶油，但是不需撒麵粉。

2. 麵糰鋪入模型後鬆弛

依據麵糰，擀開鋪入模型的方法有所不同。

●為了防止麵糰在烘烤後收縮，鬆弛是非常重要的。因為不同的麵糰，鬆弛的方式也不一樣，可以參照以下＊記號的地方。

食譜中的材料量通常會預估得比較多，所以如果有剩下麵糰，可以整成一糰，再放入冰箱以冷凍保存。

●甜塔皮

麵糰比較不黏（黏度低），所以在擀壓的時候很容易破裂，也很難移動。建議大家將麵糰放在割開攤平的塑膠袋（塑膠片）上面擀壓，連著塑膠袋一起移動麵糰比較容易操作，可以不用一直撒手粉。另外，最好選用厚一點的塑膠袋。

＊這種塔皮比較穩定，烘烤之後比較不會回縮，可在塔皮鋪放入模型後，在塔皮表面戳幾個小洞，再放入冰箱冷凍庫中冰，讓麵糰鬆弛20～30分鐘。

●鹹派皮

這種派皮比較容易沾黏，必須撒入少許手粉後再擀壓，移動派皮時，可用擀麵棍將派皮捲起，滾入模型中。手粉以筋性強的高筋麵粉為佳。

＊這種派皮經過烘烤後很容易回縮，可在派皮鋪放入模型後，在派皮表面戳幾個小洞，讓派皮最少鬆弛1個小時。

●快速折疊派皮

操作時，必須一邊撒入手粉，一邊將派皮擀壓成大片，再用擀麵棍將麵糰捲起，滾入模型中，將派皮扶進模型中，貼合模型的邊緣。這時要注意，如果過度拉扯派皮會產生筋性（出筋），派皮就會內縮。這種派皮和甜塔皮一樣，周圍的麵糰會比底部的麵糰稍微厚一點。

＊將派皮鋪放入模型後，讓派皮鬆弛至少2～3個小時，再切掉超出模型的多餘派皮（不要一放入模型就馬上切掉），然後拿叉子在派皮表面戳幾個小洞。快速折疊派皮烘烤後比鹹派皮容易內縮，所以需要較長的時間讓派皮鬆弛。

使用小模型時

1. 用更大一圈的模型（必須依模型的高度斟酌）將擀好的麵糰，壓出一個個圓形麵糰，將壓好的麵糰連著模型先不取下，以竹籤在表面戳2～3個小洞（照片A）。

2. 用手指尖將麵糰邊緣掀起，一邊轉動模型，使能落入模型中（照片B）。因為之前已經有刺小洞了，麵糰會自己落入模型中。

3. 用手指尖將麵糰和模型底部貼合，再用手指把麵糰貼緊側面（照片C），最後以竹籤戳幾個新的小洞（氣孔）。

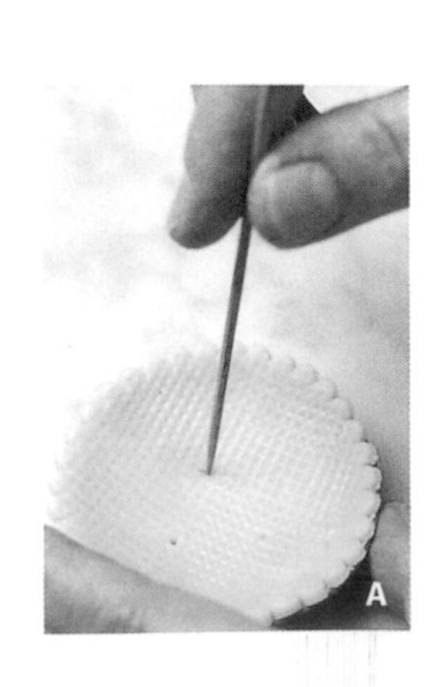

A

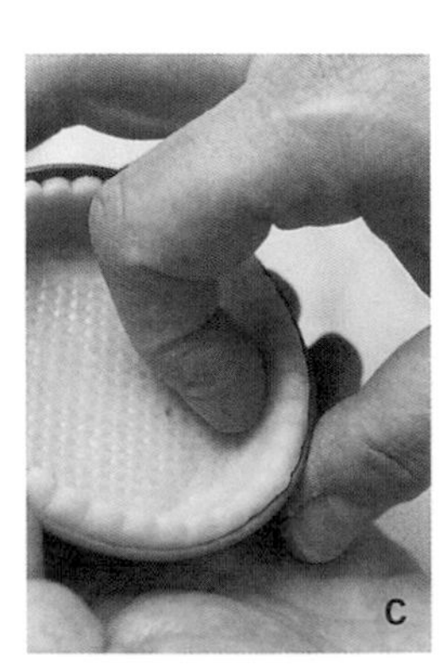

B

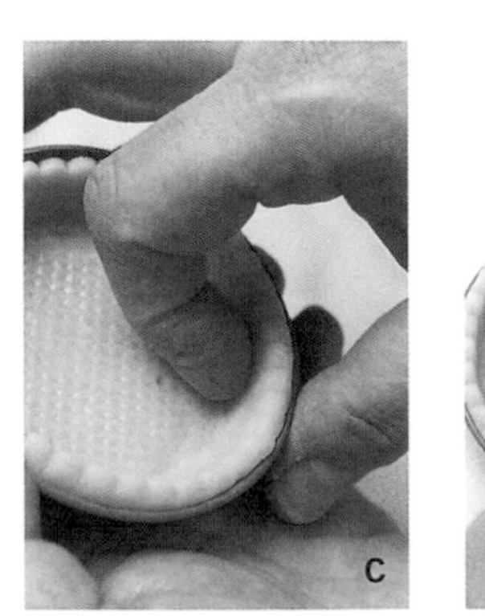

C

盲烤時，哪些麵糰需要壓重物？

這裡說的盲烤，是指將麵糰先烤過，使它固定形狀，然後再使用。不過，並非所有的麵糰都需要經過盲烤。至於烘烤的程度，則依食譜標示，有些需要完全烤熟，有些則只要烤到上色，或者烤到半熟。

●甜塔皮

麵糰比較不會內縮，所以盲烤時不需用重物壓住。將麵糰放入模型，放入烤箱，以180℃烘烤。

●鹹派皮

準備一張比模型還要大的鋁箔紙。在模型內塗抹一層薄薄的奶油，撒上些許高筋麵粉，放入冰涼的派皮麵糰，用手指將麵糰貼合模型側面，再蓋上鋁箔紙（鋁箔紙必須和模型完全貼合）。烘烤溫度鹹派皮略比甜塔皮高一點（約200℃），放入烤箱烘烤，烤好以後撕掉鋁箔紙。

●快速折疊派皮

這種派皮麵糰不僅容易內縮，而且還會膨脹，不利於填入奶油等餡料，所以必須放入重物再入爐盲烤。和鹹派皮一樣，將冰涼的派皮麵糰放入模型，將麵糰貼合模型側面，也要蓋上鋁箔紙（鋁箔紙必須和模型完全貼合），上面放入重物（像重石、米粒或豆子），以200℃烘烤。

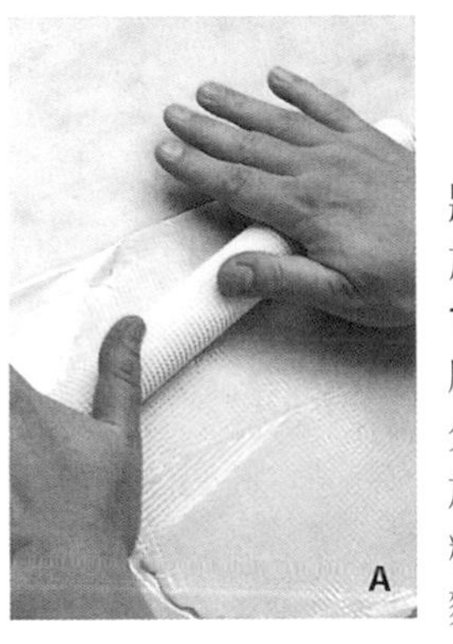

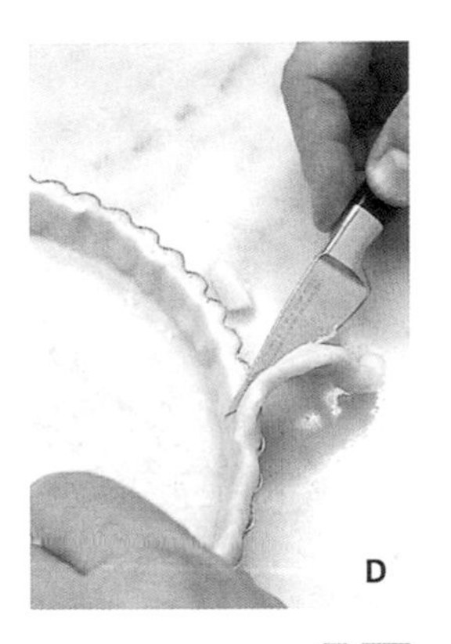

將甜塔皮或鹹派皮鋪放入模型時

1. 塑膠袋切開攤平，將所需的麵糰（直徑20公分的模型需要200克）夾放在塑膠袋中（包起麵糰），然後以擀麵棍先壓麵糰。如果麵糰還很硬，可以放一下，等回軟再擀。麵糰擀平後，擀麵棍換個方向，要擀成0.4公分厚的圓片麵皮（照片A）。

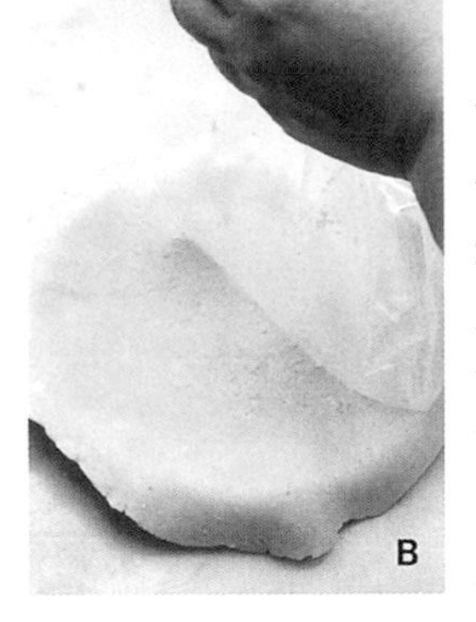

2. 掀開做法1.中蓋在麵皮上層的塑膠袋，將麵皮連同下層的塑膠袋一起翻過來放在模型上，再拿掉塑膠袋（照片B）。

3. 在將邊緣的麵皮貼合模型的同時，使整塊麵皮和模型貼合（照片C），然後將超出模型的麵皮稍微向外按壓，所以邊緣的麵皮會比底部來得厚。

4. 刀子由內側往外側，沿著模型的邊緣將剛才多出的麵皮切掉（照片D）。切口不平整的地方用手指調整一下。

5. 拿叉子在麵皮的表面戳一些小洞，放入冰箱冷藏室鬆弛（照片E）。甜塔皮約鬆弛20～30分鐘，鹹派皮則需1個小時。

上方的甜派皮不需放入重物來壓（照片中是烤到半熟的狀態）；中間的鹹派皮則是覆蓋了鋁箔紙；下方的快速折疊派皮是先覆蓋鋁箔紙，再放入重物來壓。

●為什麼內餡被沾得黏呼呼的！ **（←p.62）**

要將容易沾濕的內餡、混合材料倒入塔皮時，先略為盲烤過，再趁熱塗上薄薄的蛋汁（只有蛋白也可以），再放回烤箱，將蛋汁烘乾出一層保護膜。這樣就不易受潮。而依據不同的食譜，有時會改用果醬來替代塗蛋汁。

蘋果塔

蘋果用奶油炒至咖啡色後加入砂糖，煮至蘋果焦糖化，散發出濃厚的香氣，然後將焦糖蘋果餡填入塔皮中。蘋果在炒的過程中會釋放出酸味，所以最好使用氟素樹脂加工的平底鍋為佳。

材料（直徑 20 公分的塔模，1 個份量）
鹹派皮約 200 克
蘋果阿帕雷餡

A
- 無鹽奶油 40 克
- 削皮去芯的日本紅玉蘋果 400 克
- 二砂糖 40 克
- 牛奶 50 毫升

B
- 香草莢 1/3 根
- 鮮奶油 50 毫升
- 二砂糖 30 克
- 低筋麵粉 10 克
- 全蛋 1 顆
- 蘋果酒（蘋果白蘭地）1 大匙

裝飾用特二砂糖適量
＊砂糖可改用法式紅糖（cassonade）代替

◆預備動作
- 參照 p.70 準備好模型，放入鹹派皮並捏整好，然後鬆弛 1 個小時以上。
- 紅玉蘋果縱切成 8 等分，削皮去芯後切成 0.3 ～ 0.4 公分厚的扇形片。
- 香草莢縱向剖開，刮出裡面的香草籽。
- 烤箱溫度設定在 200℃。（預熱）

D

A

B

C

塔皮烤至半熟

1. 將鋁箔紙蓋住整個麵糰，放入烤箱，以 200℃烤至稍微上色的半熟狀態。取出塔皮，趁還很熱時，在內側塗抹少許 B 中攪散的全蛋液，參照 p.71 放入烤箱烘乾。剩下的全蛋液先放著備用。

製作阿帕雷餡，烘烤。

2. 氟素樹脂加工的平底鍋加熱，加入奶油融化，再放入蘋果（照片 A），剛開始用大火炒一下，再將火轉小一點，炒至全部的蘋果片都呈褐色。

3. 加入 A 中的二砂糖混合，煮至蘋果片焦糖化（將砂糖煮至焦糖化），熄火，移開平底鍋（照片 B）。

4. 另取一小鍋，倒入鮮奶，加入香草莢和香草籽，煮至快沸騰，熄火。取出香草莢，倒入鮮奶油混合拌勻。

5. 另取一鋼盆，加入二砂糖、低筋麵粉拌勻，加入剩下的全蛋液，攪拌至均勻無顆粒。接著加入做法 4. 和蘋果酒。

6. 將做法 3. 的蘋果倒入做法 5. 中混合成餡料，再倒入塔皮中，放入烤箱，以 180℃烤約 30 分鐘（照片 C ～ D）。

7. 出爐後趁熱撒入全部的二砂糖，以乾毛刷將表面的二砂糖刷均勻，以噴槍加熱，將糖融成焦糖（照片 E）。如果家中沒有噴槍的話，可將整個塔放在烤盤上（2 張烤盤重疊），移入烤箱中的上層，以 250℃稍微烘烤一下，只要烤至表面的二砂糖融成焦糖即可。

E

栗子塔

奶油搭配生栗子，經過烘烤散發出迷人的香氣！將奶油栗子和大量的鮮奶油拌成餡料，填入塔皮後放入烤箱烘烤，就是一道可口的點心。材料中的砂糖，建議使用風味樸素的二砂糖，當然，也可以改用法式紅糖。

材料（直徑 20 公分的塔模，1 個份量）

甜派皮或鹹派皮約 200 克

蛋白少許

栗子阿帕雷餡

A
- 無鹽奶油 20 克
- 生栗子肉 200 克
- 二砂糖 50 克
- 鮮奶油 150 毫升

B
- 香草莢 1/3 根
- 二砂糖 10 克
- 玉米粉 10 克
- 蛋黃 2 顆份量
- 蘭姆酒 1 大匙

裝飾用特二砂糖適量

◆預備動作

・ 參照 p.70 準備好模型，放入甜塔皮並捏整好，然後鬆弛 30 分鐘。（如果使用鹹派皮的話，則需鬆弛 1 個小時以上）。

・ 栗子切成 2 或 4 等分。

・ 香草莢縱向剖開，刮出裡面的香草籽。

・ 烤箱溫度設定在 180℃。（預熱）

D

A

E

B

C

麵糰烘烤半熟

1. 將鬆弛後的塔皮放入烤箱，以 180℃烤至稍微上色的半熟狀態（鹹派皮的話，要覆蓋上一層鋁箔紙再放入烤箱烘烤）。取出塔皮，趁還熱的時候，在塔皮內側塗抹攪散的蛋白液，放入烤箱烘乾。

製作阿帕雷餡，烘烤。

2. 氟素樹脂加工的平底鍋加熱，加入奶油融化，再放入栗子，一邊轉動鍋子一邊烤至栗子表面上色。加入 A 中的二砂糖混合，煮至栗子焦糖化且上色，熄火（照片 A）。

3. 另取一小鍋，倒入鮮奶油，加入香草莢和香草籽，慢慢煮至沸騰，取出香草莢，倒入做法 2. 混合拌勻（照片 B）。

4. 另取一鋼盆，加入 B 的二砂糖、玉米粉拌勻，加入蛋黃、蘭姆酒，攪拌至光滑均勻，然後一點一點地加入做法 3. 拌勻，再倒回平底鍋，攪拌均勻成餡料（照片 C ～ D）。

5. 將餡料倒入做法 1. 的塔皮中，二砂糖撒入表面，放入烤箱，以 180℃烤 25 ～ 30 分鐘（照片 E）。

無花果蜜棗塔

這款小水果塔散發出濃厚的水果蜜餞風味，加上覆蓋在上面的香脆酥菠蘿，簡直是完美搭配！在這個塔裡面，填入了口感清爽版的杏仁奶油餡，不過，也可以使用基本款的杏仁奶油餡來製作。

材料（直徑 7.5 公分的小塔模，約 14 個份量）

甜塔皮約 400 克
無花果乾 100 克
蜜棗乾 100 克
蘭姆酒適量
酥菠蘿
- 無鹽奶油 30 克
- 糖粉 50 克
- 蛋白 10 克
- 肉桂粉少許
- 杏仁粉、低筋麵粉各 50 克

杏仁奶油餡（清爽版）
- 杏仁粉 100 克
- 糖粉 100 克
- 低筋麵粉 20 克
- 全蛋 2 顆
- 鮮奶油 100 毫升
- 蘭姆酒適量

◆預備動作

・取材料量之外的奶油塗抹小塔模，小塔模放入冰箱冰一下，取出撒入材料量之外的高筋麵粉。
・將甜塔皮擀成 0.3 公分厚，然後參照 p.70，以稍微大一圈的模型壓出一個個圓形麵皮。
・奶油放在室溫下使其回軟。
・將每一個無花果乾和蜜棗乾都切成 3 或 4 等分，撒入蘭姆酒，備用。
・烤箱溫度設定在 180℃。（預熱）

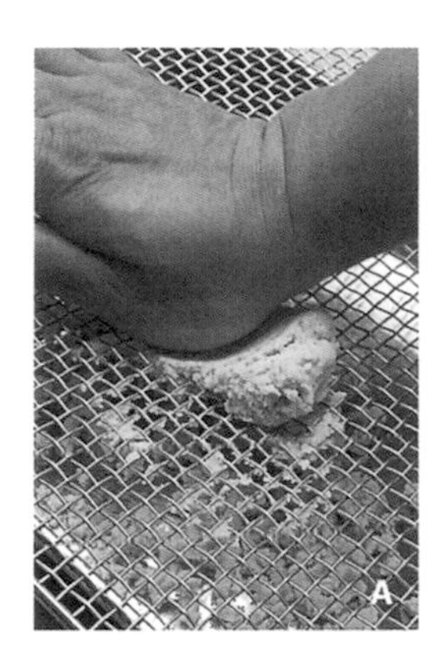
A

B

C

製作酥菠蘿

1. 將軟化的奶油放入鋼盆中，從糖粉開始依序放入全部的材料攪拌均勻，然後整成一個麵糰，放入冰箱的冷藏室冰硬。

2. 將粗網放在方型模具上，將做法 1. 壓下去通過網目，做成鬆散狀的酥菠蘿（照片 A）。為了避免酥菠蘿黏在一起，先放入冰箱冷藏，直到要使用再拿出來。

填入內餡後烘烤

3. 開始製作杏仁奶油餡。將杏仁粉、糖粉、低筋麵粉放入鋼盆中，以打蛋器攪拌均勻，然後依序加入攪散的全蛋液、鮮奶油、蘭姆酒充分攪拌，再倒入準備好的塔皮中。

4. 將無花果和蜜棗排放入做法 3. 裡面，在上面放入滿滿的酥菠蘿，放入烤箱，以 180℃烤約 25 分鐘（照片 B ～ C）。

黑乳酪蛋糕

你知道一種帶有酸味，用山羊乳酪做成的全黑色乳酪蛋糕（tourteau fromagé）點心嗎？雖然在法國的拉羅歇爾（la rochelle）附近並非大量生產來食用，但這種乳酪蛋糕樸實的美味卻是別樹一格，令人難忘。這道點心如果是用當地傳統的方式來烘烤，會比p.80這張照片烤得更像焦炭。帶有酸味的法式山羊乳酪（fromage blanc，新鮮乳酪）正是這道甜點美味的關鍵，不過如果真的買不到，可以改用牛奶發酵的白乳酪。此外，在模型方面，我沒有用專門做這道點心的淺圓缽狀模型（moule à tourteau），而是利用鋁製圓形容器。當然，你也可以花些巧思，將塔皮調整成有深度的圓形或波浪狀，好吃又美觀。

材料（直徑 15 公分的鋁製容器，1 個份量）

鹹派皮約 150 克

阿帕雷乳酪蛋液

- 法式山羊乳酪 120 克
- 鹽 1 小撮
- 砂糖 80 克
- 蛋黃 2 顆份量
- 檸檬皮屑 1/2 個份量
- 檸檬汁 2 小匙
- 低筋麵粉 20 克
- 玉米粉 20 克
- 蛋白 2 顆份量

◆預備動作

・將鹹派皮鋪入模型中（照片A），因外容器比較深，將派皮從容器邊緣往下折 1 公分，再以刮刀切掉派皮。然後用叉子在派皮表面戳幾個小洞，放入冰箱冷藏室鬆弛 1 小時。

・將砂糖分成 2 等分。

・低筋麵粉、玉米粉混合過篩。

・烤箱溫度設定在 230 ～ 250℃。（預熱）

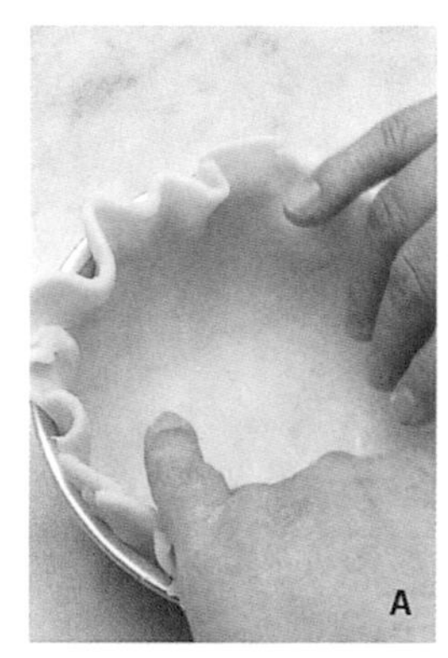

A

D

B

E

C

1. 將山羊乳酪倒入鋼盆中，依序加入鹽、1/2 量的砂糖、蛋黃、檸檬皮屑、檸檬汁，以打蛋器充分攪拌均勻（照片 B）。加入過篩後的低筋麵粉、玉米粉混合拌勻。

2. 將剩下的砂糖分成 3 ～ 4 次加入蛋白中，將蛋白打發成乾性發泡的蛋白霜，參照 p.28。接著取 1/3 量的蛋白霜加入做法 1. 中充分拌勻（照片 C）。

3. 加入剩下的蛋白霜，以打蛋器攪拌均勻成麵糊。將麵糊透過刮板慢慢流入準備好的模型中，以噴水器在麵糊表面噴些許水，放入烤箱，以 230 ～ 250℃烤 40 ～ 50 分鐘。要烤到表面全黑，但底部不要燒焦的程度，可稍微調整一下溫度。

4. 蛋糕剛出爐時，中間的部分會膨脹起來（照片 D）。

5. 將廚房用紙巾放在蛋糕表面上，連同紙巾將蛋糕倒扣在涼架上，脫膜，讓蛋糕冷卻（照片 E）。蛋糕如果不這樣朝下擺放，表面的中間會塌陷。

荷蘭塔

這道以荷蘭風味命名的甜點，原本是製作成大圓盤狀的點心，但我為了避免浪費麵糰，在這邊就以方形麵糰來包住內餡進行烘焙。因為我使用的是快速折疊派皮，可以彈性調整麵糰的形狀。這裡填入的是加了杏桃乾和葡萄乾的杏仁奶油餡，上面再塗抹馬卡龍的麵糊烘焙。烘培完成後，馬卡龍酥脆的口感，輕柔的派皮，再加上奶油，達成的絕妙平衡真是最棒的享受。這款點心不但好看好吃，外觀也不易變形，非常適合當作送人的禮物。

材料（25×8 公分，2 條份量）

快速折疊派皮 200 克
杏仁奶油餡（參照 p.72 ）基本量的 1/2 量
蘭姆酒漬葡萄乾 50 克
糖漬杏桃乾
- 杏桃乾 40 克
- 水 1 大匙
- 砂糖 1 大匙

馬卡龍麵糊
- 杏仁粉 30 克
- 糖粉 30 克
- 蛋白 25 克

裝飾用糖粉適量

◆預備動作

・將快速折疊派皮擀成約 30×30 公分，放入冰箱冷藏室鬆弛 2～3 個小時，取出分成 2 等分。

・杏桃乾和葡萄乾混合切碎。將材料中的水和砂糖倒入小鍋中加熱煮沸，加入杏桃乾煮至水分快要收乾，放冷備用。

・在烤盤上鋪好烤盤紙。

・烤箱溫度設定在 200℃。（預熱）

D

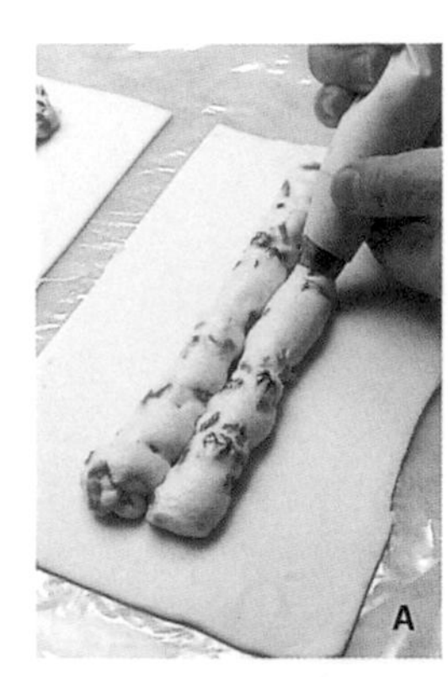
A

E

B

F

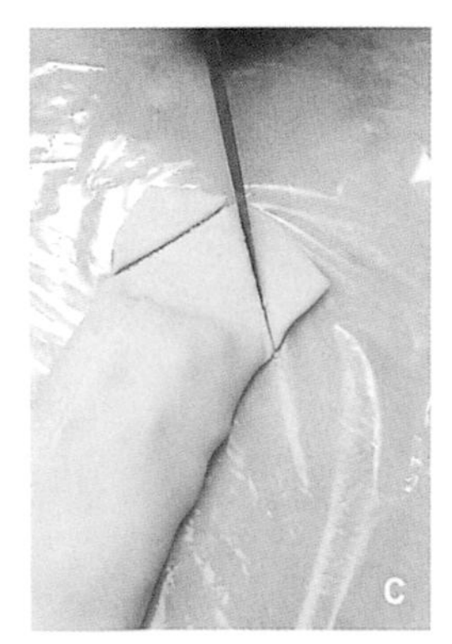
C

製作杏仁奶油餡

1. 參照 p.72，取基本量的 1/2 量來製作杏仁奶油餡，加入杏桃乾和葡萄乾混合。

包捲杏仁奶油餡

2. 將厚的塑膠袋割開攤平成塑膠片，塑膠片要準備 2 張。分別將派皮橫向放在塑膠片上。

3. 將直徑 1.5 公分的圓形擠花嘴裝入擠花袋中，倒入做法 1.，在派皮的中間擠上 2 條餡料。記得派皮兩端要留大約 2 公分的空隙不要擠（照片 A）。

4. 用手指按壓派皮上下端的部分，使這個部分的派皮變薄，像要包捲奶油餡般折疊上下的派皮，在上下派皮的接合處抹點水，讓派皮貼合（照片 B）。派皮和奶油餡之間要包緊一點，不要有空氣。

5. 按壓左右兩端的派皮，使這個部分的派皮變薄，如照片中斜切掉少許角落的派皮（照片 C），將剩餘的派皮往內（下）折入，抹點水再黏好。

6. 將做法 5. 連同塑膠片一起移到烤盤上，派皮收口處朝下放。

製作馬卡龍麵糊

7. 將杏仁粉、糖粉倒入小鋼盆中充分拌勻，加入蛋白攪拌至無法流動的濃稠狀。麵糊太硬的話蛋白霜會破掉，可以再加入些許蛋白。

8. 將做法 7. 平均塗抹在做法 6. 上面，均勻撒上糖粉，以刀背劃上斜線（照片 D～E）。

9. 放入烤箱，以 200℃ 烤約 25 分鐘，烘烤的過程中，可以一邊觀察上色狀況一邊調整溫度（照片 F）。品嘗時，沿著劃的斜線切開。

法式香橙派

這款法國南部的小點心，也是利用可以隨意改變形狀的快速折疊派皮製作的。首先，將派皮捲成漩渦狀後橫段切開，然後將派皮擀成橢圓形，裡面則包覆柳橙風味的卡士達醬，最後再烘烤。乍看之下，很像是填入卡士達醬的可頌麵包，但口感卻更細緻。也有點像是義大利的拿坡里修頓（chausson napolitain）。因為卡士達醬是低筋麵粉做的，烘烤時餡料很容易噴出來，所以用日本上新粉（蓬來米粉）來替代。

材料（12 個份量）

快速折疊派皮約 520 克（基本份量）
撒在派皮的砂糖 1 大匙
卡士達醬
- 牛奶 200 毫升
- 香草莢 1/3 根
- 砂糖 40 克
- 日本上新粉 20 克
- 柳橙皮屑 1 顆份量
- 蛋黃 2 顆份量
- 喜歡的香甜酒 1 大匙

裝飾用糖粉飾量

◆預備動作

- 將快速折疊派皮擀成約 25×40 公分，放在剪開攤平的塑膠片上，放入冰箱冷藏室鬆弛 2 ～ 3 個小時。
- 參照 p.96 製作卡士達醬，放涼備用（以日本上新粉取代低筋麵粉，柳橙皮屑和蛋黃一起加入，不需加入奶油）。
- 在烤盤上鋪好烤盤紙。
- 烤箱溫度設定在 200℃。（預熱）

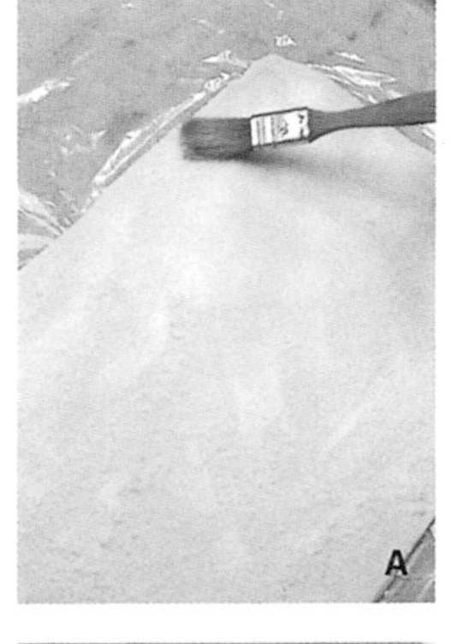

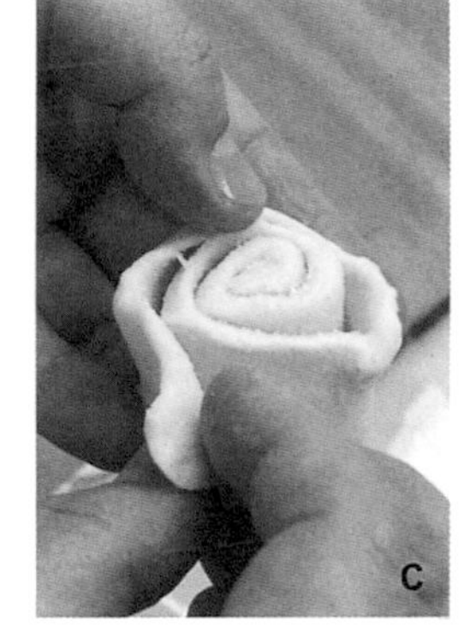

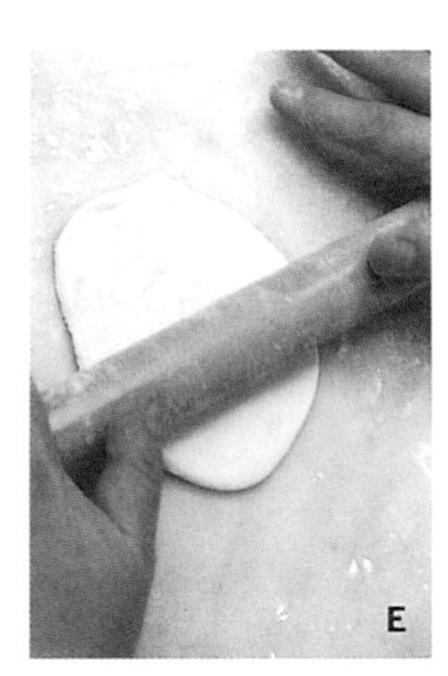

將派皮擀成橢圓形

1. 將派皮放在塑膠片上，擀成橫長方形。在派皮的表面撒上糖粉，用乾的刷子將糖粉掃均勻，整個派皮都要撒到（照片 A）。

2. 將做法 1. 從靠近自己這邊向前面捲，捲成圓柱，然後從派的邊緣開始，分割成 12 等分（照片 B）。

3. 將每一個派皮切面朝上，用手拿著，然後將派皮邊緣往上拉至切面的地方，再用手指按緊（照片 C ～ D）。

4. 用手掌將做法 3. 的每一個派皮壓扁，再以擀麵棍擀成 12×15 公分的橢圓形（照片 E）。

＊因為在派皮上撒了砂糖，當砂糖融化會變成濃稠的糖漿，派皮就會很難捲，所以要加快操作的速度。

擠入卡士達醬，撒入砂糖後烘烤。

5. 將直徑 1 公分的圓形擠花嘴裝入擠花袋中，倒入卡士達醬，然後在每一個派皮中間擠一個小圓球（照片 F）。

6. 將做法 5. 的派皮靠近自己這邊捏起約 0.5 公分，和另一端的派皮黏緊，將卡士達醬包裹起來，將旁邊的派皮也捏緊，以免卡士達醬漏出。

7. 在整型好的派皮上面撒些糖粉，排列在烤盤上，放入烤箱，以 200℃烤 22 ～ 25 分鐘。

＊這裡要將派皮上面的砂糖烤至焦糖化，如果上色不均勻，可將烤盤放在烤箱內上層，提高上火的溫度，然後重疊 2 張烤盤來抑制下火的溫度。

波波巧克力

這款甜點是以小圓球模型製作的可愛塔類點心。裡面擠入了巧克力杏仁奶油餡，然後覆蓋派皮，最後再放上焦糖杏仁瓦片餅乾麵糊進行烘烤。焦糖杏仁瓦片餅乾的麵糊經過烘烤後相當酥脆，與當中的內餡、上層的派皮麵糰，口感和風味都十分相配。覆蓋在上層的快速折疊派皮可隨意改變形狀，即使很薄也不易破損。此外，可以將剩下的麵糰收在一起，用來製作常見的水果塔等點心。

材料（直徑 5.5 公分的小圓球模型，約 10 個份量）

快速折疊派皮 250 克

巧克力杏仁奶油餡
- 無鹽奶油 50 克
- 糖粉 50 克
- 低筋麵粉 10 克
- 全蛋 1 顆
- 杏仁粉 50 克
- 蘭姆酒 1 大匙
- 巧克力 50 克

杏仁瓦片餅乾麵糊
- 杏仁片 20 克
- 糖粉 10 克
- 蛋白、無鹽奶油各 5 克

蛋白少量

◆預備動作

・在小圓球模型內塗抹一層薄薄的奶油（材料量以外）。將派皮擀成 0.1 公分厚，用比小圓球模型大 2 圈的模型壓出圓形派皮，然後將派皮壓入模型中，並在派皮表面戳幾個小洞。超出模型的派皮等一下會按壓在上層派皮上，所以不用切掉。把剩下的派皮整成一糰，拿比小圓球模型大 1 圈的模型壓出圓形派皮（覆蓋上層時使用）。將模型、上層派皮放入冰箱冷藏室鬆弛，因為派皮比較薄，只要鬆弛約 1 個小時就可以了。

・烤箱溫度設定在 180 ～ 200℃。（預熱）

A

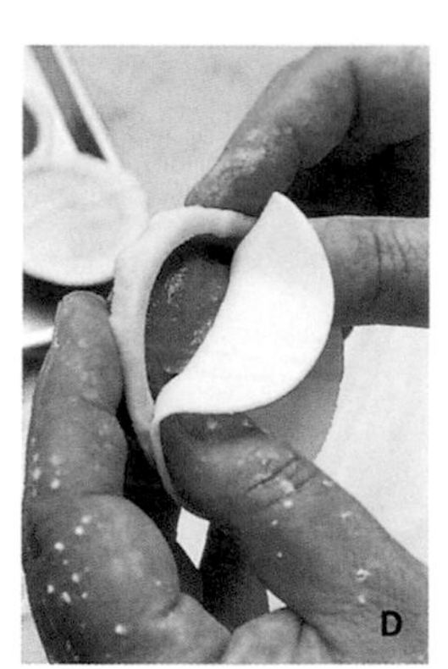
D

B

E

C

製作巧克力杏仁奶油餡

1. 參照 p.72，將巧克力以外的全部材料做成杏仁奶油餡。

2. 巧克力切碎後放入鋼盆中，隔熱水融化巧克力，加入做法 1. 拌勻成巧克力杏仁奶油餡。將直徑 1 公分的圓形擠花嘴裝入擠花袋中，倒入奶油餡，擠入已經鋪入派皮的模型中，大約擠 8 分滿（照片 A ～ C）。

3. 在派皮的邊緣塗抹一層薄薄的蛋液，覆蓋好上層派皮，記得要蓋緊（照片 D）。邊緣蓋緊以後，用手指壓好派皮，沿著模型將多餘的派皮切掉。

製作杏仁瓦片餅乾麵糊

4. 將杏仁片和糖粉倒入小鋼盆中充分拌勻，加入蛋白、融化奶油攪拌均勻，然後舀入做法 3. 的表面、弄平（照片 E）。

5. 放入烤箱，以 180 ～ 200℃烤約 25 分鐘，烤至上色均勻。

泰坦反烤蘋果塔

在法國，泰坦反烤蘋果塔（tarte tatin）幾乎是每個餐廳都可以吃到的國民甜點，但想要自己製作時，照著法國的食譜卻怎麼都沒辦法把蘋果煮好。我想，是因為我們的蘋果比法國的蘋果水分多的緣故。以下介紹我的做法。

●首先，將製作好的焦糖液倒入模型中，將蘋果整齊地排入模型中，開始加熱。這樣煮出的蘋果汁就會稀釋焦糖液，然後單獨取出稀釋焦糖液，繼續煮到水分變少（這裡是重點）。最後，把焦糖液倒回排好蘋果的模型中，蓋上快速折疊派皮，放入烤箱烘烤。

●這裡使用的是酸味很強，果肉結實的紅玉蘋果。用富含果膠的新鮮紅玉蘋果來製作，就和日式燉菜的滷汁一樣會帶有光澤，更增添美味。只不過紅玉蘋果若不夠新鮮，或是過熟，果膠量會減少，就不容易成功。建議大家可以找找在地的蘋果。泰坦反烤蘋果塔的成功與否，可以說是由蘋果來決定。每年紅玉蘋果的產季也只有一段時間，那時熬煮的蘋果是最美味的。麵糰的部分，口感酥脆的快速折疊派皮是最佳選擇。

●泰坦反烤蘋果塔的由來？

反烤蘋果塔的起源，有一種說法是：「從前有對泰坦（tatin）姊妹想做蘋果塔時，不小心整盤打翻顛倒過來，於是維持倒過來的狀態去烘烤。原本積存在底部的砂糖沾滿了蘋果表面，烤成了焦糖色且香味四溢的點心……」另外，還有「忘了放麵糰就送進烤箱，後來才慌張地放上去，最後再倒過來……」的有趣說法。

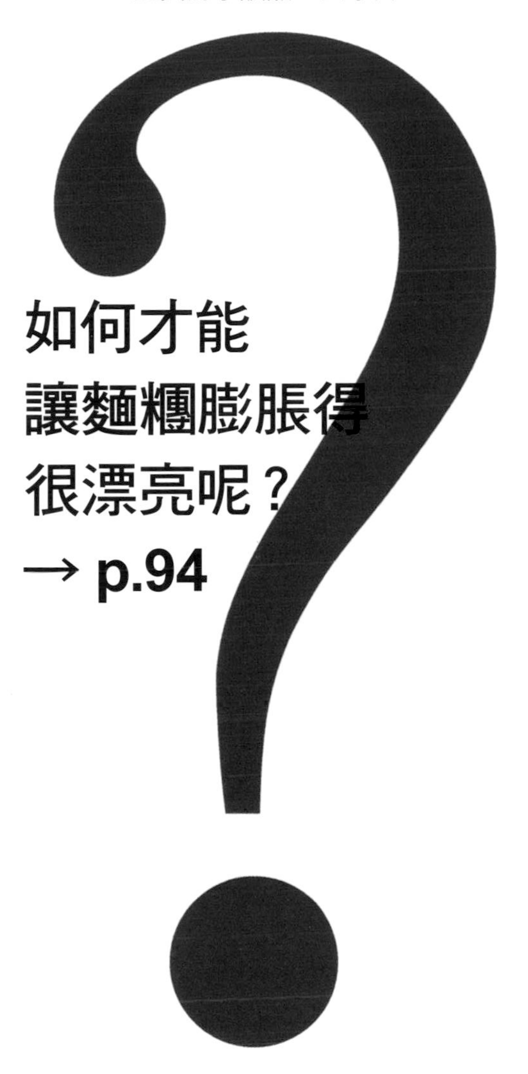

為什麼中間會有空洞？→ p. 94
為什麼不能膨脹鼓起得很漂亮？→ p.95
如何判斷麵糰的軟硬度適中？→ p.95
為什麼我的卡士達醬有麵粉顆粒？→ p.96
如何製作巧克力口味的卡士達醬？→ p.96

製作泡芙麵糰

泡芙麵糰是將麵粉加熱製作而成，烘焙之後麵糰中間會出現很大的空洞，跟其他的麵糰有很大的差異。

●為什麼會出現空洞呢？首先，將水和動物性奶油煮沸的時候加入麵粉，麵粉受熱後就會糊化，這時再加入雞蛋的話，麵糰就會變得像漿糊一樣黏稠。然後將有黏性的麵糰加熱，麵糊內部就會產生水蒸氣而膨脹，就像吹氣球一樣漲大，所以會產生空洞。

●泡芙成功的關鍵，在於成功做出有黏性的麵糰。建議大家每一個步驟都要確實做好。此外，事前的準備也非常重要，千萬不可忽視。

接下來我要介紹的泡芙麵糰，相對於麵粉，配方中奶油的量很多，所以能夠烤出厚實且香酥的泡芙皮。這種扎實的泡芙皮，能做出法式焦糖泡芙塔（croquembouche），或者淋上糖水堆疊起來等等，同時也能應用到泡芙以外的點心上面。

材料（約 24 個份量）
無鹽奶油 60 克
水 80 毫升
鹽 1 小撮
砂糖 1/2 小匙
低筋麵粉 70 克
全蛋 2 ½ ～ 3 顆

◆預備動作

・為了能更方便倒入麵糰，要準備比鍋子小的容器。

・準備直徑 14～15 公分、8～9 公分深的單柄鍋，寬口的淺雪平鍋不合適。

・烤盤鋪上鋁箔紙，用刷子抹上一層薄薄的奶油（材料量以外），以廚房用紙巾再抹均勻。如果加入的奶油量太多，在烘烤的過程中麵糰會變形，但奶油量太少的話，底部會黏住。

加入麵粉 3 秒鐘後熄火

1. 將奶油、80 毫升的水、鹽和砂糖倒入單柄鍋中，以小火加熱。

2. 等奶油融化後改成大火，煮至沸騰後一次倒入全部的低筋麵粉。

3. 立刻用木匙攪拌，加入麵粉 3 秒鐘之後，熄火（這時候如果麵粉沒有混得很均勻也沒關係）。

4. 熄火後繼續攪拌至均勻。

5. 當麵糰不會沾黏鍋子，停止攪拌（這時麵粉已經完全攪拌均勻），不要攪拌過度。

一點一點地加入蛋液

6. 趁做法 5. 還有一點溫熱時，一點一點地加入攪散的蛋液，以木匙拌勻。不要一次倒入太多蛋液，否則會很難拌勻。

7. 慢慢加入蛋液，拌勻後再加入蛋液繼續混合，一定要一邊觀察攪拌的狀況一邊加入（加入太多的話會拌不勻）。剛開始麵糰會有點結塊，但要注意攪拌過程中會突然變柔軟。

拌至剛好的狀態後停止加入蛋液

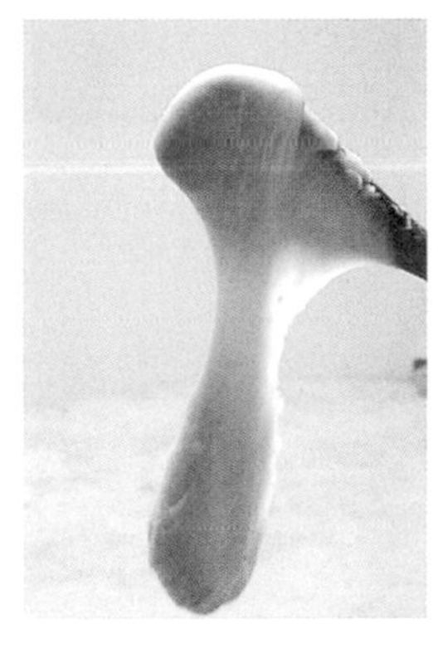

8. 蛋液不用全部用完，只要攪拌至剛好的硬度就可以停止加入蛋液。參照圖片，攪拌到以木匙舀高大量麵糰時，麵糰大約停頓 3 秒才會落下的硬度。

讓麵糰鬆弛

9. 包一層保鮮膜，避免麵糰變乾，然後鬆弛約 30 分鐘。同時，烤箱以 200℃ 預熱。

擠出麵糰後烘烤

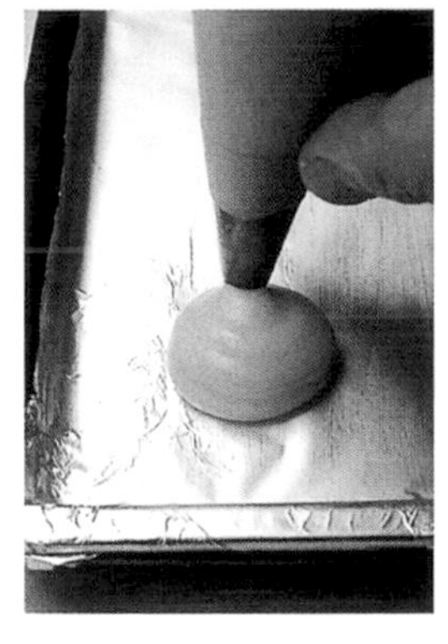

10. 將直徑 1 公分的圓形擠花嘴裝入擠花袋中，倒入麵糰，在鋪了鋁箔紙的烤盤上，擠出每個直徑 3.5 ～ 4 公分的圓麵糰，每個麵糰之間要間隔 5 公分。

11. 如果擠好的圓麵糊上面有一個尖角，可以用手指沾些水，將尖角抹平。假若擠出來的麵糰形狀不佳，也可以趁這個時候整型。以噴水器在麵糰表面噴些許水，放入烤箱，以 200℃ 烤 25 ～ 30 分鐘，烤至充分上色。

●為什麼不能膨脹鼓起得很漂亮？（← p.93）

關鍵在於加熱的方法和混合麵粉的方式！在這個配方中奶油的量較多，加入麵粉後如果火開得太大，奶油容易分離，就無法在麵糰內部形成空洞。所以加入麵粉時，就算沒辦法立刻攪拌拌勻，也要謹守加入麵粉 3 秒鐘後就熄火的原則。還有另一個重點，就是麵糰攪拌至不會沾黏鍋子的程度，就要停止攪拌。

●如何判斷麵糰的軟硬度適中？（← p.93）

「攪拌到以木匙舀高大量麵糰時，麵糰大約停頓 3 秒鐘才會落下的硬度」就是麵糰的最佳狀態。如果一舀起麵糰就馬上滴下，就表示麵糰太軟了，烘烤後泡芙會扁扁的。所以，就算還有剩下的蛋液，也不要再加進去，加入太多蛋液，麵糰會太稀而滴垂下來；但若加入的蛋液不夠，麵糰會太硬，烤好的泡芙會膨脹力不足。

●麵糰烘烤前需要鬆弛嗎？

做好的麵糰不要直接放入烤箱烘烤，要先鬆弛一段時間，這樣烤好的泡芙才能膨脹，形狀漂亮。

●泡芙皮要烘烤到什麼程度才行？

麵糰剛放入烤箱烘烤時沒有什麼變化，過一段時間後會慢慢地膨脹，這時千萬不要打開烤箱門，大概需要烤 25 ～ 30 分鐘，才能烤出香脆的泡芙皮。如果烘烤的時間不夠，泡芙皮容易受潮，很難用刀子切。要烤到連表皮凹陷處這種難烤的地方都上色了，才算是烤好。

Cook50126

蛋糕，基礎的基礎

80個常見疑問、7種實用麵糰和6種美味霜飾

作者　相原一吉
翻譯　盧美玲
美術　鄭寧寧
編輯　彭文怡
校對　連玉瑩、郭靜澄
企畫統籌　李橘
行銷企畫　石欣平
總編輯　莫少閒
出版者　朱雀文化事業有限公司
地址　台北市基隆路二段13-1號3樓
電話　02-2345-3868
傳真　02-2345-3828
劃撥帳　19234566 朱雀文化事業有限公司
e-mail　redbook@ms26.hinet.net
網址　http://redbook.com.tw
總經銷　大和書報圖書股份有限公司　02-8990-2588
ISBN　978-986-6029-20-2
初版一刷　2012.06
初版五刷　2017.07

定價　299元
出版登記　北市業字第1403號

國家圖書館出版品預行編目

蛋糕，基礎的基礎：80 個常見疑問、7 種實用麵糰和 6 種美味霜飾／相原一吉著
初版．台北市：朱雀文化
面；公分．（Cook50；126）
ISBN 978-986-6029-20-2（平裝）
1. 食譜 2. 點心、蛋糕
427.16

日文原書製作

美術指導　木村裕治
設計　川崎洋子（木村設計事務所）
攝影　今清水隆宏
造型　白木なおこ
企畫・編輯　大森真理
發行者　大沼淳